JN062003

稼げる農業経営のススメ

地方創生としての
農政のしくみと未来

新井 毅

築地書館

もくじ

第2章 ホワイト化視点からみた現在の農業の実態

第3章 ホワイト化のための農業現場の具体の取組み……88

第5章　持続的に発展する農業の未来――ホワイト化から「風の谷」へ

はじめに

■農業は本当に儲からない？

日本の農業について、どんなイメージを持っていますか。「衰退産業」「きつくて儲からない」「若者が入ってこず高齢化している」といったことを思い浮かべる方が多いのではないでしょうか。

実際に農業をやっている方の中には、今でも「農業は儲からないけれども、財産である農地を守る必要があるから、採算度外視で続けている」という人もたくさんいると思います。

政府も、農業政策の基本方針として五年ごとに決定する「食料・農業・農村基本計画」の中で、二〇〇〇年に策定した初回の計画から二〇二〇年の直近の計画まで一貫して、「我が国の農業・農村は、農業者や農村の著しい高齢化と人口の減少、これに伴う農地面積の減少という事態に直面している」といった現状認識を示しています。

二〇一三年以降、政府は「農業の成長産業化」を掲げて農政改革を進めていますが、これに対して、かつて企業が農業に参入してマスコミが取り上げ、話題になったものの採算が合わずにすぐに撤退してしまった事例とか、ちょっと変わった取組みをしたけれども数年で破綻した事例も少なからずあったためか、「最近の新しい動きも一時的な流行りものにすぎない」「成長産業化なんて政府が言っているだけだ」「事態はむしろ悪化に向かっている」と言う人も少なくありません。

一方、実際に統計に表れた姿を見てみると、農業・農政関係者の努力もあって、農業産出額や農業所得総額においては二〇一四年を底に回復基調となり、農業からの所得を主とする農家である**「主業農家」の所得は全世帯平均所得の一・五倍**になっています。

また、二〇世紀には考えられなかったような素晴らしい経営力を持った農業経営体が現れ、農家出身でない優秀な若者も農業に参入するようになり、農産物の生産や販売を支援する農業関連ベンチャー企業も続々と現れ、AIやドローンなどの先端的な技術の導入も進んでいます。時代の先端を行く農業関連の取組みにフォーカスした記事やニュースを毎日のように目にするまでになりました。

このように、農業の現状がどうなっているのか、農業・農政関係者の間でも認識はバラバラであり、農政関係以外の日本の政治や行政の中枢にいる方からも、「人によって農業の現状や方向性についての見方が全然違うな」と言われることもあります。

このため、世間一般の農業のイメージは相変わらずネガティブなままでいるのだと思います。

■農業が若者が就きたい職業になるために

政府は、毎年、農業・農村の動向について「食料・農業・農村白書」（いわゆる農業白書）を取りまとめて公表し、出版物としても発行しています。しかし、農業白書は、食料自給率、食育、農業の多面的機能、農村の人口減少などについてもそれぞれの観点から論点を漏らさず記述する必要があることから、膨大かつ総花的であり、農業の持続的な発展のために必要な本質的なところの現状が見えにくくなっているように思います。

農業が持続的に発展していくためには、農地・水の確保と並んで、技術を含めた「人」の確保が不可欠であり、次世代を担う若者が農業に継続的に入ってこなければなりません。

若者が職業を選択するに当たって考慮する要素としては、**「そこそこ以上の所得」「適正な労働・生活環境」「仕事のやりがい（成長の実感、公正な評価、他者からの承認等）」の三つ**があると言われます。この**三つの要素において、最低限の水準をクリアした状況を本書では「ホワイト化」と呼んでいます**。

つまり、農業が、若者が継続的に入ってくるような産業となり、持続的に発展していくためには、ホワイト化することが必要なのです。

農業・農政の憲法とも言うべき「食料・農業・農村基本法」では、最も中核的な理念として、優良な農業経営が地域農業を担っていくことによって「農業の持続的な発展」を図るということを明らかにしていますが、これはすなわち、農業のホワイト化を目指すものと理解してよいと思います。

冒頭のようなネガティブなイメージを持たれたままでは、まともな人、優秀な若者は農業に入ってこようとは思わないでしょう。そして、結果として後継者難、高齢化、衰退、耕作放棄地の増加という負のスパイラルに陥ってしまいます。

農業の持続的な発展のためには、ホワイト化するとともに、そのイメージを多くの人に持ってもらうことが大切です。

本書では、誰でも入手できる公表統計を用いて、農業が今どの程度ホワイト化しているかを客観的に示し、農業のネガティブなイメージを払拭するとともに、農業経営体の取組みを筆者が直接にお話を聞いた範囲内で紹介し、併せて農業のホワイト化に貢献してきた日本政策金融公庫の仕事に触れたいと思います。

その上で、「農業の持続的な発展」のためのもう一つの要素である、「自然循環機能の維持増進」について、コロナ禍を経て関心が高まりつつある持続可能な社会の観点に照らして現状を紹介したいと思います。

■生産性の向上を目指す

では、ホワイト化するにはどうしたらよいでしょうか。過酷な労働条件で給料も少ない、いわゆるブラックなイメージのある企業も、ほとんどの場合は、できれば従業員にもっと高い給料を払い、もっと休暇を与え、残業を少なくしたいと考えています。でも、それだけの経営の余裕がないのでできないのです。

つまり結局は、**ホワイト化するためには、経営を改善・刷新して生産性を向上させるしかない**ということに行き着きます。

この当たり前のことに私が気づいたのは、政府が二〇一四年から取り組み始めた地方創生の仕事に参画したときのことです。

世論調査において、東京圏在住の若者の半数近くが地方への移住を検討してもよいと回答する中で、実際には移住しない理由の圧倒的トップが「地方には仕事がないから」でした。当時、全国どこでも人手不足で、全道府県で有効求人倍率が一を超えていた、つまり地方にも仕事自体はあるにもかかわらずです。

このパラドックスに明快な回答を与えてくれたのが、内閣官房のまち・ひと・しごと創生会議でお世話になった、経営共創基盤代表取締役で二〇二〇年に地域密着型産業を支援する日本共創プラットフォームを立ち上げた冨山和彦さんでした。要は、地方には仕事はあっても「良質な仕事」が少ないからだと言うのです。そして、地方の仕事を「良質な仕事」に変えるには生産性を向上させるしかない。この考え方が、二〇一四年一二月に決定されたまち・ひと・しごと創生総合戦略の骨格の一つとなりました。

そして、これは、農業にも当てはまる、というよりも、農村地域の地方創生を実現する上では、農業こそが「良質な仕事」を提供できる産業になることが不可欠であり、これが「農業の成長産業化」を目指す最近の農政改革につながっています。

このため、前段として、地方創生と農政改革の関係から話を始めたいと思います。

第1章　地方創生としての農政改革

1　国の政策全体における農政の位置

■農政の基本理念の中心は「農業の持続的な発展」

日本の農政は、一九九九年に制定された、いわば農業の憲法とも言うべき「食料・農業・農村基本法」（以下「基本法」と表記）に定められた基本理念と施策の方向に沿って展開されています。

基本法は、戦後昭和の時代の枠組みが定まってきた一九六一年に制定された農業基本法について、平成時代になって総括的な評価を行い、一九九三年にガット・ウルグアイラウンドが決着して農政の国際ルールが定まったことなども背景として、その後の我が国の諸情勢の変化を踏まえて全面的に見直したものです。

基本法においては、「食料の安定供給の確保」と農業の有する「多面的機能の十分な発揮」、その基盤と

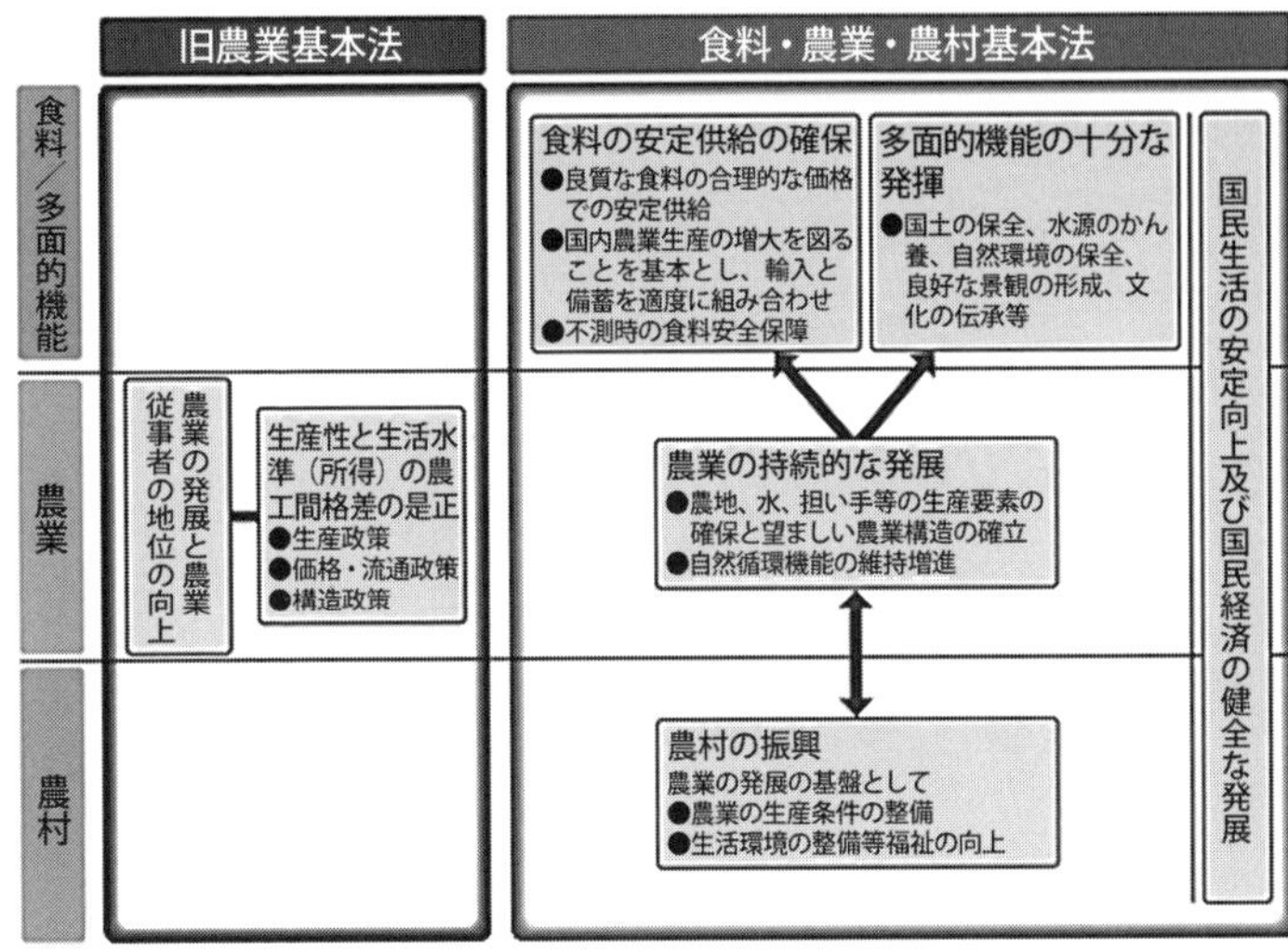

図 1-1　食料・農業・農村基本法における４つの基本理念
出典：農林水産省「平成21年度食料・農業・農村白書」

なる「農業の持続的な発展」と「農村の振興」の四つの基本理念が掲げられていますが、この四つの関係は、「食料の安定供給の確保」「多面的機能の十分な発揮」を図る上で「農業の持続的な発展」が大前提となり、それを「農村の振興」が下から支えるという考え方に立っています（図1－1）。

つまり、**「農業の持続的な発展」が他の三つの理念をつなぐ中心の位置に据えられている**のです。

■施政方針演説にみる農政の位置づけ――農政は地方創生の重要な要素

このように、農政は、農業の持続的な発展を中心に、四つの観点を一体として進められてきましたが、国政全体の観点からみれば、その時々の国内外の政治・経済情勢に応じて、重点の置きどころはもちろん、手を付ける切り口も違ってきます。

その時々の政権の国政の全体像が最も端的に表れるのが、毎年度開催される通常国会における内閣総理大臣施政方針演説です。

施政方針演説の中での農政に関する記載を平成時代に入った一九九〇年以降時系列で見てみると、一九九〇年の海部内閣においては、「農業」が一つの章となっていますが、二〇〇〇年の小渕内閣では、「地球への挑戦」の章にわずかに記載が見られるだけになりました。二〇〇五年の小泉内閣では、「国民の安心の確保」「地方の再生」などの項に細切れに記載があります。二〇〇九年の麻生内閣では、「改革による経済成長」の章の過半を占めています。

これに対して、安倍内閣二年目の二〇一四年以降、直近の二〇二一年菅内閣まで、一貫して「地方創生」の枠組みの中で、かなりのボリュームを割いて記載しています。


平成二六年（二〇一四）一月二四日第一八六回国会安倍内閣総理大臣施政方針演説（抜粋）

8　地方が持つ大いなる可能性を開花させる
さて今年は、地方の活性化が、安倍内閣にとって最重要のテーマです。地方が持つ大いなる「可能性」を開花させてまいります。

（農政の大改革）

地方経済の中核は、農林水産業です。おいしくて安全な日本の農水産物は、世界中どこでも大人気。

必ずや世界に羽ばたけるはずです。

農地集積バンクが動き出します。農地を集約して生産現場の構造改革を進めます。更に、四〇年以上続いてきたコメの生産調整を見直します。いわゆる「減反」を廃止します。需要のある作物を振興し、農地のフル活用を図ります。

規模拡大に伴って負担が増す、水路や農道などの多面的機能の維持のため、新たに日本型直接支払を創設します。農地の規模拡大を後押しし、美しい故郷（ふるさと）を守ります。

経営マインドを持ったやる気ある担い手が、明日の農業を切り拓（ひら）きます。彼らが安心と希望を持って活躍できる環境を整えることこそ、農業・農村全体の所得倍増を実現する道だと信じます。農林水産業を若者に魅力のある、地方の農山漁村を支える成長産業とするため、食料・農業・農村基本計画を見直し、農政の大改革を進めてまいります。

令和三年（二〇二一）一月一八日第二〇四回国会菅内閣総理大臣施政方針演説（抜粋）

4　地方への人の流れをつくる

東京一極集中の是正、地方の活性化も長年叫ばれてきた課題です。「東京圏」と言われる一都三県の消費額は全国の三割に過ぎません。残りの七割の消費は「地方」なのです。地方の所得を引き上げ、その消費を活性化しなければ、日本全体が元気になりません。

（農業を成長産業に）

我が国の農産品はアジアを中心に諸外国で大変人気があり、我が国の農業には大きな可能性があります。昨年の農産品の輸出額は、新型コロナの影響にも関わらず、過去最高となった二〇一九年に迫る水準となっています。

二〇二五年二兆円、二〇三〇年五兆円の目標を達成するため、世界に誇る牛肉やいちごをはじめ二七の重点品目を選定し、国別に目標金額を定めて、産地を支援いたします。農業に対する資金供給の仕組みも変えていきます。

さらに、主食用米から高収益作物への転換、森林バンク、養殖の推進などにより、農林水産業を地域をリードする成長産業とすべく、改革を進めます。美しく豊かな農山漁村を守ります。

振り返ってみれば、昭和末期の一九八〇年でも、農業就業人口が六九七万人、農家人口が二一三七万人ありました。当時私が住んでいた埼玉県所沢市でも家の周りにお茶畑があり、少し歩けば『となりのトトロ』の舞台のモデルとなった里山や田んぼが広がっており、朝になると鶏の鳴く声が聞こえました。このように農業は多くの人にとって身近な存在でしたが、二一世紀に入った頃には身近に感じづらくなり、国政に占める位置づけも小さくなってきたのは否めません。

それでも、今なお農地は森林や河川等を除いた可住地面積の半分程度を占めており、特に地方では可住地の大部分が農地であり、多くの地域では、地方の活性化≒農業の活性化と言っても過言ではありません。

しかしながら、農業産出額は平成の時代に入ってからほぼ右肩下がりを続け、一九九〇年には一一・五兆円だったものが、二〇一〇年には八・一兆円となってしまい、二〇〇八年からは我が国が本格的に人口減少社会に突入し、もともと高齢化・人口減少に悩んでいた地方がいよいよ存続できるかどうか危機感を強める事態となったことなどを背景として、一〇年ほど前から農政改革が国政の重要課題となったのだと思います（農政改革論議が盛り上がった直接の契機は、ＴＰＰへの加入や二〇〇九年から二〇一二年の民主党政権下での戸別所得補償制度の導入といった政局にもつながる問題の提起ではありますが、そもそもの背景はこういうことだと考えます）。

また、人口減少社会に突入したことに加えて二〇一一年に東日本大震災が発生し、真剣に国を憂える人たちの間では、このままでは日本は持続可能でなくなるのではないかという危機感が持たれるようになり、二〇一三年末に、いわゆる増田論文「地方消滅」（後述）が発表されたのを契機として、二〇一四年から、政府として本格的に「地方創生」を看板に掲げて取り組むようになりました。

このようなことから、現在、国の政策全体の中での**「農政」の位置づけは、「地方創生」の最も重要な要素**というポジションにあるのだと思います。

2　地方創生の考え方

■「地方消滅」から「まち・ひと・しごと創生」へ

ここで、二〇一四年以降、政府の内政上の重要課題として進められてきた地方創生について少し詳しく説明します。

地方創生の議論のスタートは、岩手県知事や総務大臣などを歴任し、二〇二〇年から日本郵政社長を務める増田寛也氏とその仲間たちが執筆し二〇一三年に発表した前掲の論文や、これにデータや事例などを補充して翌年に中央公論社から出版された新書『地方消滅――東京一極集中が招く人口急減』によって提起された問題意識にあります。

簡単に言えば、本格的な人口減少社会に突入する我が国において、これまでの政策や国民マインドを継続していたら、生活する場としての地方が消滅し、これによりこれまで地方から人材を調達することで繁栄を誇ってきた東京圏も下降局面に入り、日本全体が衰退の道をたどるということです。

まち・ひと・しごと創生法の第一条「我が国における急速な少子高齢化の進展に的確に対応し、人口の減少に歯止めをかけるとともに、東京圏への人口の過度の集中を是正し、それぞれの地域で住みよい環境を確保して、将来にわたって活力ある日本社会を維持していくためには、（中略）地域社会の形成、地域社会を担う個性豊かで多様な人材の確保及び地域における魅力ある多様な就業の機会の創出を一体的に推進すること（以下「まち・ひと・しごと創生」という。）が重要」という目的規定にそのエッセンスが集約されています。

地方創生はほぼ全省庁にまたがる政策課題であることから、政府においては、二〇一四年の夏にまち・ひと・しごと創生本部を設置し、内閣官房に事務局を置きました。そして、ただちに地方創生の基本理念や体制を固める作業に入り、同年秋の臨時国会でまち・ひと・しごと創生法を制定し、年末に「まち・ひと・しごと創生総合戦略」（以下「総合戦略」と表記）を策定しました。

総合戦略は、その後毎年、具体的な政策について改訂が行われ、目標年度であった策定五年後の二〇一九年末に第二期の総合戦略が策定されましたが、理念や基本的な考え方は継承されています。

■まち・ひと・しごと創生の基本的考え方と基本方針――しごとを起点に五原則で

創生法の目的規定にあるように、地方創生は「地域社会の形成（まち）」「人材の確保（ひと）」「就業の機会の創出（しごと）」の三つを一体的に推進するものですが、この三つの関係については創生法では明らかにしていません。

このことについて、総合戦略においては、「基本的考え方」として、「しごと」が「ひと」を呼び、「ひと」が「しごと」を呼び込む好循環を確立することで新たな人の流れを生み出し、この好循環を魅力ある「まち」をつくることで支えるという「まち」「ひと」「しごと」の関係を明確にしています。すなわち、まず「ひと」を呼び込めるような「しごと」を地方に創出することを地方創生の基本に据えているのです。これを受けて、施策の第一に「地方にしごとをつくる」を置いています。

なお、第二期の総合戦略においては、この「しごと」起点のアプローチに加え、デジタル化の進展や副業への注目、クリエイティブ人材の文化・デザイン志向などを踏まえて、「ひと」や「まち」起点のアプローチも追求することとしていますが、やはり基本は「地方にしごとをつくる」ことであることに変わりありません。

また、これまでの歴代政権も、例えば竹下内閣のふるさと創生事業など地域活性化のための政策を重点政策として掲げてきましたが、具体的な政策の立案・運営に当たっては、これまでのこうした政策の評価・反省を踏まえたものとする必要があります。

このため、総合戦略の策定過程において、過去の地域活性化政策の検証を行い、これを踏まえて、いわゆる「政策五原則」を明確にしています。

これまでの政策の課題として、各府省の縦割り構造、地域特性を考慮しない全国一律の手法、短期的な成果を求める施策、効果検証を伴わないバラマキとなってきた面があるのではないかという反省の下、

「自立性」地方公共団体、民間事業者・個人等の自立につながるような施策に取り組む

「将来性」施策が一過性の対症療法にとどまらず、将来に向かって構造的な問題に取り組む

「地域性」地域の強みや魅力を活かし、地域に合った施策を自主的・主体的に取り組む
「総合性」多様な主体との連携や他の地域、施策との連携を進めるなど総合的に取り組む
「結果重視」客観的データに基づく現状分析や将来予測等により具体的目標数値を設定した上で施策に取り組み、その後政策効果を評価し、必要な改善を行う

の五つの原則に基づいて施策を立案、運営していくこととしました。

なお、この五原則は、「まち」「ひと」「しごと」いずれにも当てはまる共通原則なのですが、念頭にあるのはやはり「しごと」の施策です。「まち」や「ひと」の施策にこの原則を貫徹するのはやや難しい面もあります。そんなこともあって、地方創生の「政策五原則」は第二期総合戦略では「附論」の位置に置かれました。

■地方にしごとをつくる――ポイントは地域資源活用型産業

では、どうやって地方に「しごと」を創出していくか。これを考えるに当たって、戦後日本の人口移動の歴史を振り返ってみましょう。

戦後、日本は、二回、東京圏への人口集中と均衡を繰り返し、現在は三回目の人口集中期ということになります（図1－2）。

一回目の東京圏への人口集中期は、戦後から一九七三年までの高度経済成長期の時代です。この時期、

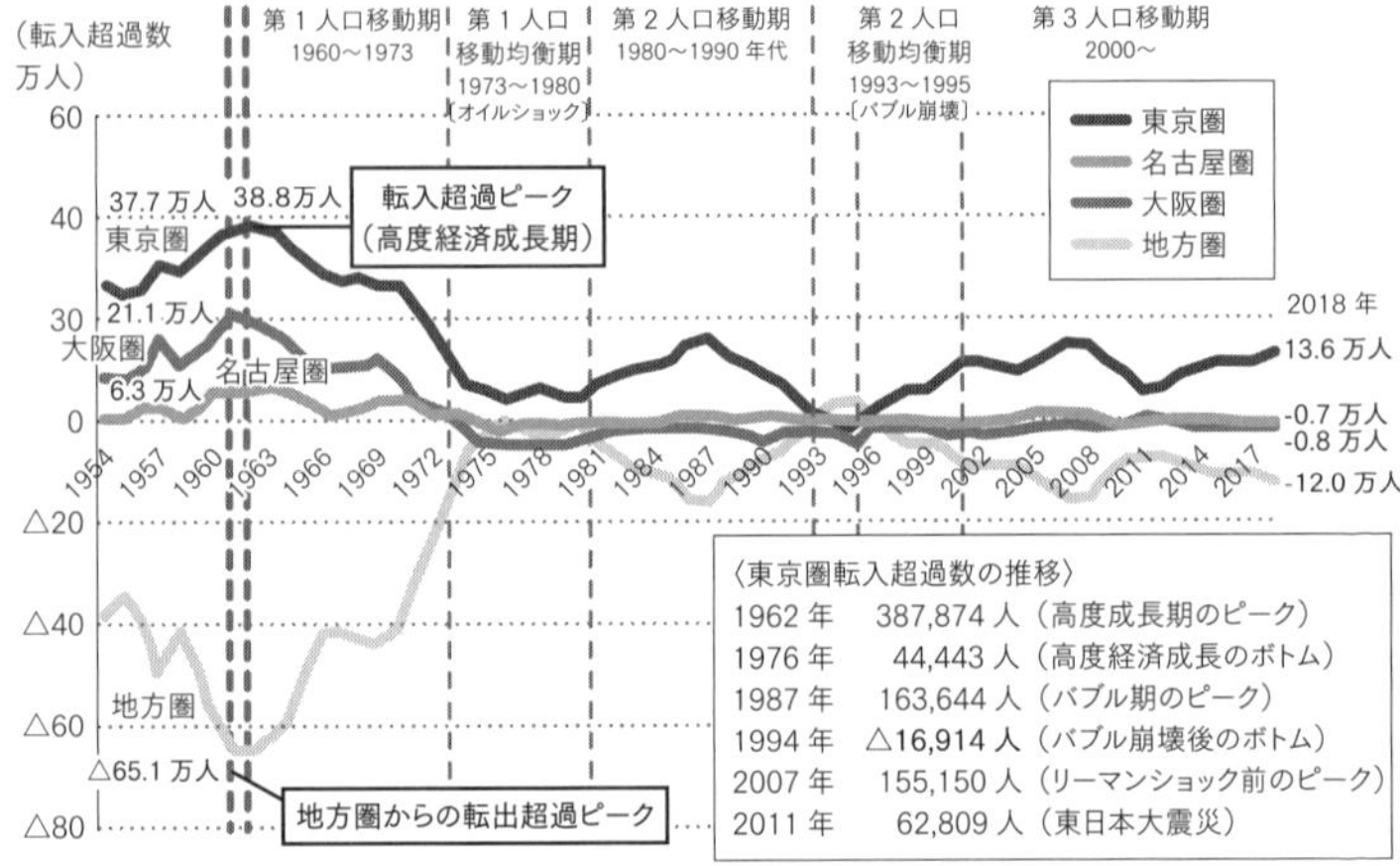

図 1-2　三大都市圏及び地方圏における人口移動（転入超過数）の推移

上記の地域区分は以下の通り。東京圏：埼玉県、千葉県、東京都、神奈川県。名古屋圏：岐阜県、愛知県、三重県。大阪圏：京都府、大阪府、兵庫県、奈良県。三大都市圏：東京圏、名古屋圏、大阪圏。地方圏：三大都市圏以外の地域。

出典：総務省「住民基本台帳人口移動報告」（日本人移動者）

急激に東京集中が進んだことにより、東京圏の過密と地方の過疎の問題が顕在化し、「日本列島改造論」に代表されるように、高速交通網の整備や市街地再開発等による生活利便性の向上と、地方への工場立地等による雇用機会の創出によりこれをなんとか緩和しようとする施策が、国主導で行われました。

しかし、それでも東京への人口集中は止まらなかったのですが、一九七三年に起きたオイルショックをきっかけに、それまでの高度成長が止み低成長経済の時代へと入り、一九八〇年頃までの間、人口集中も止まり、人口移動均衡期となりました。

一九八〇年頃になると、日本経済は新たな国際環境に適応するようになり、やがてバブル景気の時代を迎えます。この一九八〇年から一九九〇年の間が、二回目の人口集中期となります。この時期にも地方活性化の議論が高まり、「ふるさと創生」「リゾート開発」などの施策が展開されました。

そして、バブルが崩壊し、急速に景気が冷え込んだ一九九三年から一九九五年に二回目の人口移動均衡期を迎えます。

このように、二〇世紀の間は、日本経済が好調な時期には東京圏に人口が集中し、停滞期になると均衡するというサイクルだったのですが、これが二一世紀に入った頃から通用しなくなりました。すなわち、日本経済の低迷期となっても、東京への人口集中が止まらないどころか、むしろ拡大したのです。

これは、様々な要因が絡み合ってもたらされた現象ではありますが、日本の産業構造がサービス化するとともに、産業立地がグローバル競争になり「地価、労賃が低い」ということが地方のメリットでなくなったことから二〇世紀型の産業誘致では地方の雇用創出が見込めなくなってきたということが大きな要因と考えられます。

また、冨山和彦さんがその著書『なぜローカル経済から日本は甦るのか――ＧとＬの経済成長戦略』（ＰＨＰ研究所）で述べているように、グローバル経済とローカル経済の関係性が低下し、グローバル経済から得た果実がローカル経済にトリクルダウンしにくくなったという事実認識も重要です。

なお、このことは、専業兼業別農家数の推移をみても実感されることで、二〇世紀の間は一貫して兼業農家の割合が上昇してきましたが、二一世紀に入ると一転して専業農家の割合が高くなりました（図１－３）。

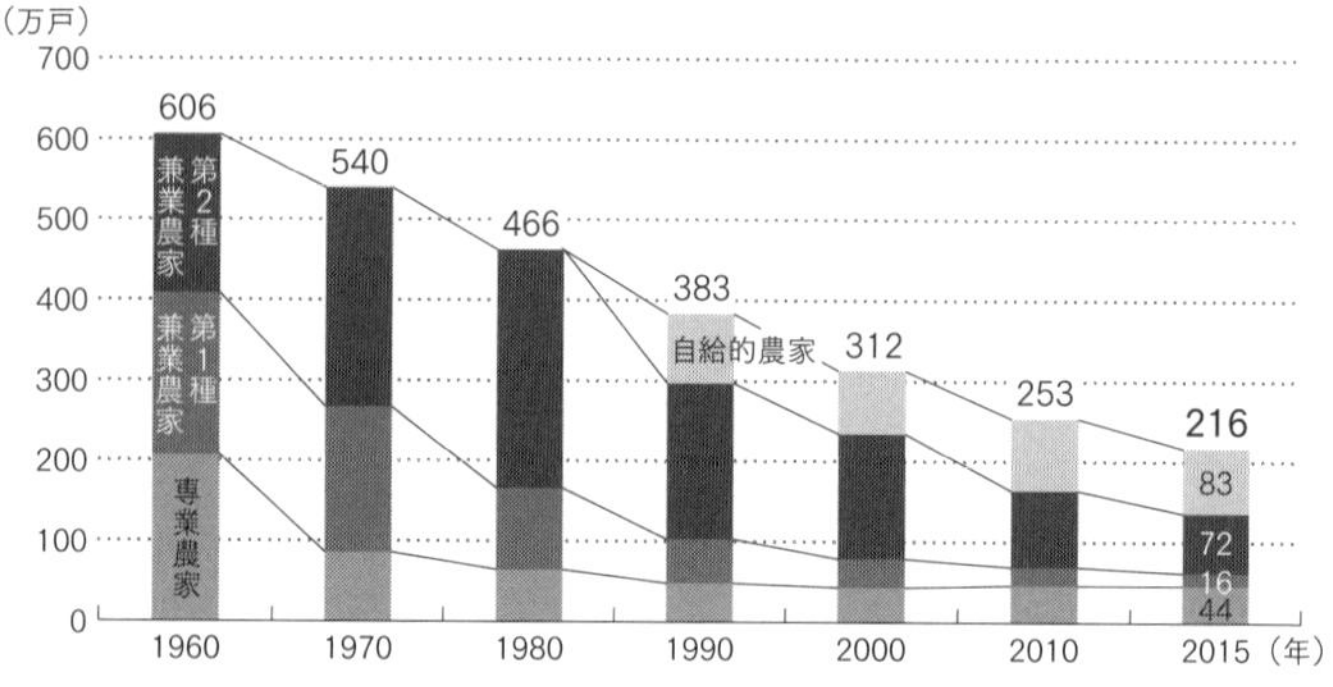

図 1-3　専業兼業別農家数の推移

経営耕地面積 30a 以上または農産物販売金額 50 万円以上の農家を「販売農家」といい、そのうち、世帯員の中に兼業従事者が一人もいない農家を「専業農家」、世帯員に兼業従事者が一人以上いる農家を「兼業農家」という。兼業農家のうち、農業所得を主とする農家を「第 1 種兼業農家」、農業所得を従とする農家を「第 2 種兼業農家」という。経営耕地面積 30a 未満かつ農産物販売金額 50 万円未満の農家を「自給的農家」という。なお、1980 年以前は自給的農家の区分はない。
出典：農林水産省「農林業センサス」

これは、**農家からみれば、農村などの地方に兼業機会がなくなってきた**ことを意味します。したがって、**農業が自立的な産業にならないと農村ももたないという時代になった**という認識に立つことが必要です。

こういったことを踏まえて、総合戦略においては、地域資源（自然、文化、産業集積、人材等）を活用しながら、生産性を向上させることによって所得の増大を図り、若者に良質な仕事の場を提供することによって若者の地方への定着・回帰を図ることを、「地方にしごとをつくる」基本に据えました。つまり、東京など他地域から産業を誘致することを地方の雇用機会創出の基本とするのではなく、地域資源活用型産業の発展・拡大を基本とする方針を打ち出したのです。

地域資源活用型産業の中心は、農林水産業と観光産業、サービス産業や伝統産業などの中小企業です。しかしながら、これらの産業はいずれも長い間低迷、衰退に陥り、後継者難に悩んできました。したがって、これらの産業が復活し、むしろ成長産業化していくこと、これが地方創生の一丁目一番地となったのです。

■若者の求める仕事の三つの要素

問題は、どうやって、これらの産業の雇用を増やすべく成長産業化させるかです。

このことを考える前に、地方創生を検討するに当たってのポイントを一つ紹介します。それは、若者の人口動態を重視するということです。

地方創生の起点となった『地方消滅』が主張する最も重要なポイントは、市町村ごと、地域ごとの人口動態を自然増減、社会増減別に様々な角度から分析して、それを踏まえた適切な処方箋を考えようということでした。そして、そこから導かれた結論は、出産子育て世代（二〇代～四〇代）がそこにどれだけ居住しているのかということが数年後の人口動態のキーファクターになるということです。今、人口減少が見られない地域でもこの年代が減少していれば、二〇年後は確実に人口減少になり、さらに次の世代は加速度的に減少していくという事実です。逆に、この世代が確保されていれば、それほどひどい状況にはなりません。

このことを受けて、地方創生で議論される雇用機会の創出は、二〇代から四〇代の、いわば若者の雇用創出を念頭に置いたものとなっています（五〇代以上は雇用機会創出の施策の客体ではなく、若者の雇用を創出することができるような経営者やその右腕となれる人材が地方には不足していることから、経営人材、専門人材として雇用機会創出の主体を担ってほしいという位置づけをしています）。

さて、それでは、そもそも、**地方に若者の雇用はないのでしょうか**。新型コロナウイルス感染症の発生前でみれば、日本中どこでも人手不足で、有効求人倍率は全道府県で一を大きく超えていました。つまり、地方にも仕事はあるのです。

一方で、内閣府が実施した世論調査などを見てみると、地方創生がスタートしてからは、東京圏に住んでいる人の三割以上の方が地方への移住を考えたいと答え、特に二〇代、三〇代の若者ではその割合が高いという結果が出ている中で（図1－4）、願望があるにもかかわらず地方移住ができない、ためらう理由は何かと聞くと、圧倒的に一番の理由として地方には仕事がないからと答えています。

このギャップ、矛盾の理由こそ、「はじめに」で書いたように、**地方には仕事はあっても良質な仕事、すなわちホワイト化した産業が少ない**ということです。

若者が職業を選択するに当たり考慮する要素としては、**「そこそこ以上の所得」「適正な労働・生活環境」「仕事のやりがい（成長の実感、公正な評価、他者からの承認等）」**の三つがあるとされます。もちろん、お金をいっぱい稼ぎたいとか、カネよりも社会からの承認を得たいとか、自分の時間の確保が優先だ

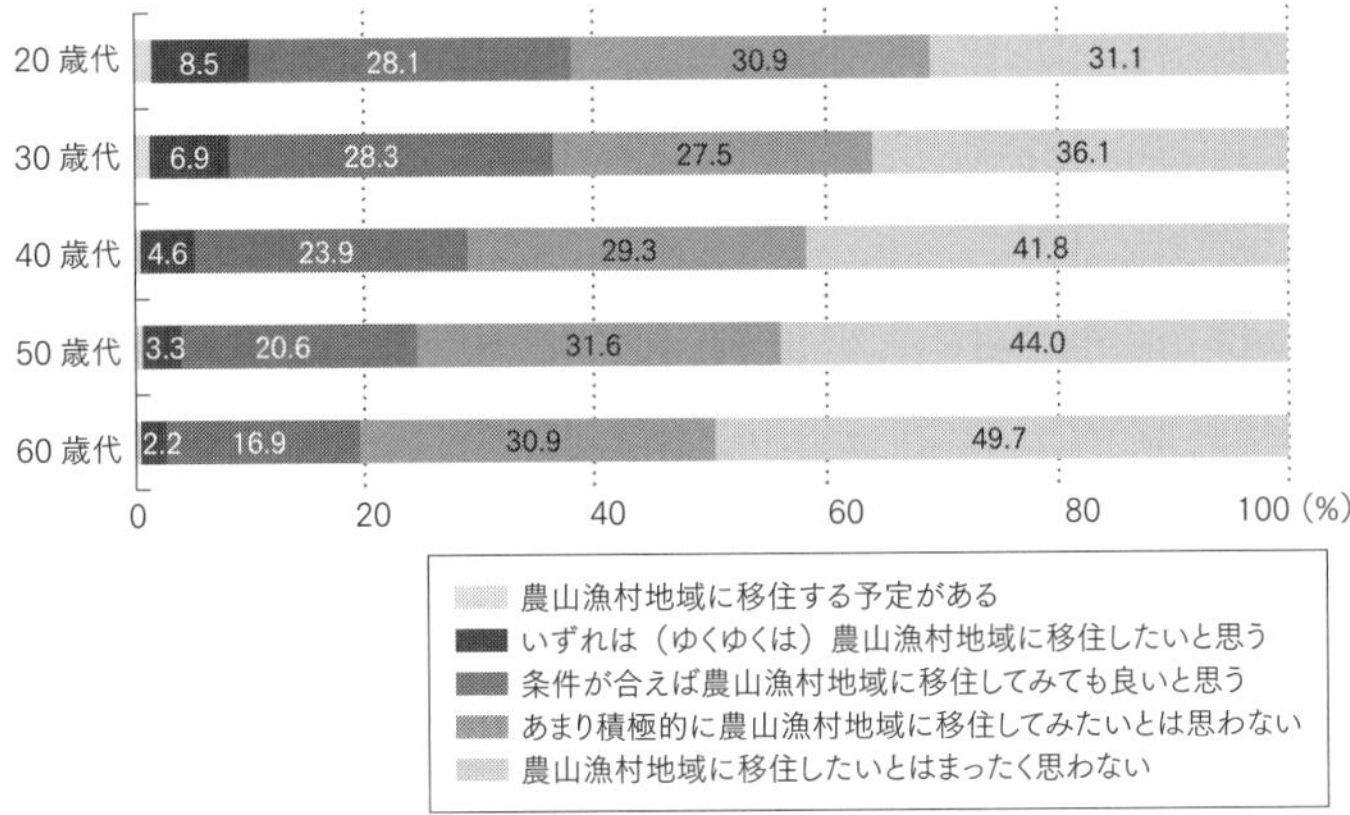

図 1-4　農山漁村地域への移住願望
東京都特別区または政令市に居住する 20 歳から 64 歳の在住者を対象としたアンケート調査。
出典：総務省「田園回帰に関する調査研究中間報告書」（2017 年 3 月公表）をもとに農林水産省で作成

とか、人によってこれらの要素のウエイト付けはそれぞれでしょうが、**地方に良質な仕事をつくるということは、この三つの要素について最低限の水準をクリア（すなわちホワイト化）した上で、さらに三つの要素のいずれかにおいて東京での仕事にも負けないような質のよい仕事を提供するということ**です。

■地方の生産性向上で日本の衰退を止める

それでは、どうやって地方の産業をホワイト化させていくか。

適正な労働環境の下で所得も上げられる仕事を提供できるようにするためには、地方産業の経営体が生産性の向上を図り、国は経営体が生産性の向上に取り組みやすいように環境整備をするという王道を行くしかありません。

総合戦略においては、生産性向上のために、経営の刷新・合理化や新技術の開発・導入（ローカルイノベーション）、付加価値の向上や需要の拡大（ローカルブランディング）を柱として掲げています。

観光産業においては、観光地経営の視点に立った観光地域づくりの司令塔である観光地域づくり法人（DMO）の育成、インバウンド増大のための諸施策の拡充、文化・スポーツといったこれまで十分に活用されてこなかったコンテンツの掘り起こしを行い、中小企業のローカルイノベーションを進める方策としては、RESAS（地域経済分析システム）も活用しながら地域の成長を牽引すると期待される企業への集中支援といった、これまでにない切り口からの施策が講じられています。

また、業種を横断したものとして、地域の生産者を取りまとめてプロデュースする機能を持った「地域商社」の創設・育成、地方における社会的課題の解決に資する起業の支援、地方の企業の経営力向上のための東京圏在住のプロフェッショナル人材の活用、リスクをとって地元の企業を支援するという地域金融機関の本業支援への回帰の促進などの施策が実施されています。

さらに第二期の総合戦略においては、農林水産業のみならず中小企業でも経営者の高齢化と後継者不足が深刻化する中で、技術・人材などの経営資源を喪失させないよう、次世代への円滑な事業承継が喫緊の課題となっている問題意識の下、事業承継税制の活用と併せ、事業承継を機に生産性を向上させる取組みにクローズアップしています。デジタル化の推進や、脱炭素社会・地域循環経済の実現などの地方創生SDGsといった新しい時代の流れを力にする方針も示されました。

昭和の時代から、グローバル産業とローカル産業の間の生産性の格差、地域間の生産性の格差は認識されていましたが、平成の時代になってさらにその格差が大きくなってきました。東京一極集中の原因を一つ挙げるならば、まさにここにあると言っていいと思います。逆に言えば、ローカル産業、地方の産業の生産性を向上させることは、日本経済全体の低迷する潜在成長率を引き上げる、すなわち日本の衰退を食い止めることにつながるとも言えます。

地方創生の取組みが始まってから、毎年数十万人の雇用創出が図られ、また早い段階から積極的かつ個性的な取組みにより相当な効果を上げている地域も現れました。しかしながら、多くの地域では若者の雇用が一層減少しており、地域による差が顕著にみられるようになっています。

■若者の減少に歯止めがかかった地域の四つの特徴

農山漁村地域でも、近年若者の流入が増加し、社会減（人口流出が流入を上回ること）に歯止めがかかっている市町村が増えています。なかには数年連続して社会増となり、さらには人口が増加を始めた市町村もあります。

例えば、二〇一五年前後からすでに地方創生の優等生としてしばしば取り上げられていた北海道の上士(かみし)幌(ほろ)町・下川町、島根県の海士(あま)町・邑南(おおなん)町などは、その後も熱意に満ちた地元の方々と移住してきた若者が協力して、創意工夫あふれる取組みを展開しています。

総合戦略や、その後の具体的政策の検討に当たっては、市町村ごとに人口動態や取組みを分析し、このような成果が上がってきている地域に共通の特徴が見出せないか議論しました。その結果、四つのことが見えてきました。

第一に、**地域資源（自然、伝統産業、人材、文化・歴史等）を、それぞれの地域の特徴を踏まえ、独自の処方箋によって有効活用していること**です。

ここでのポイントは「独自の処方箋」であり、これは、外からの受け売りではなく、その地域に定着している人が、その地域のことを深く理解し、愛した上で、自分の頭で考えて立案し、実践するということです。地方創生政策においては、創生法に基づいて、各自治体で地域内の様々な主体（産官学金労言士）の参画を得て総合戦略を策定することとしたのですが、この際、多くの自治体が東京のコンサルティング会社に分析・立案を丸投げし、どこも似かよった金太郎飴みたいな戦略が続出しました。

そんな中、例えば上士幌町は、ふるさと納税制度を単に町の収入拡大や地域農産品の販路拡大に使うだけでなく、観光や移住などの関係人口の拡大につなげています。下川町は、町内の森林資源を地域エネルギー自給に活用すべく、影響を被るガソリンスタンド経営者にも新たな役割を担ってもらいながら社会システム全体を新たに構築したりしています。海士町では当たり前のように採れるさざえを主な具材としたレトルトカレーを「島じゃ常識さざえカレー」と名付け、海士ブランドの第一号として売り込んでいます。邑南町では、邑南町でしか味わえない本物の食や体験を「A級グルメ」として、地域の食材を使った一流の料理を提供するため一流の料理人を招聘、「食の学校」も創設し、その卒業生がまた邑南町で開業するといった好循環を形成しています。これらはいずれも、現地を知らない東京の人間からは、まず出てこない発想だと思います。

第二に、経営管理、マーケティング、ブランディング、ファイナンスなどの**専門能力を持つ、地域の外の人や外の世界を経験した人のアイデア、力を積極的に活用していること**です。

過去の地域活性化策で失敗した事例をみると、補助金で箱物を作ったがコンテンツが乏しかったり、一過性のイベントとしては成功しても継続しなかったり（補助金の切れ目が縁の切れ目）といったケースが少なくありませんでした。将来にわたって自立して運営される事業でなければ雇用など生まれません。そのためには、経営に係る専門能力が必要ですが、こういった経験、人材は、どうしても都市部、特に東京の方が多いのは否めません。

また、その地域の魅力は、地元の中しか知らない人にはなかなか認識されず、他の地域での生活を経験した人の方が発見できることが多いものです。

海士町の「島留学」の取組みが成功したのは、ソニーなどに勤務した経験のある若者たちの熱意と専門能力によるところが大きかったことはよく知られています。「島留学」とは、廃校の危機にあった島前高校の存続のため、町と高校が一体となって始めた島前高校魅力化プロジェクトの一環として島外の生徒の募集を開始し、今日の中等教育改革の先鞭をつけるような課題解決型の教育内容、デジタル技術の活用などと相まった取組みのことであり、この結果、島前高校進学希望者が増加するのみならず、特色ある教育実践の好例として全国の教育関係者の注目を集め、今では高校魅力化プロジェクトは全国各地で実施されるようになっています。

このほか、邑南町の「A級グルメ」の中核となるイタリアンレストランや「食の学校」の運営には有名シェフに全面的に協力を仰ぎました。また、上士幌町では、地域産品のネット販売や移住者の支援をしたりするNPO法人が設置されていますが、その運営には地域おこし協力隊として移住してきた若者が重要な役割を担っています。

第三に、首長をはじめ地域の人々が、**次世代を担う若者の育成・活用に熱心であり、若者が創意工夫し、能力を発揮して活躍する場が与えられていること**です。

苦境を打開する新たな一手を繰り出すのは「よそもの、わかもの、ばかもの」だと言われますが、そういう人が活躍する場を与えなければ何も始まりません。当然、そういう人は失敗する可能性も高く、首長や地域のリーダーには、そういった人に対する目利きと同時に、失敗も受け入れる胆力も求められます。

これは実際には行うに難しですが、人口減少に歯止めがかかっている市町村の首長や地域のリーダーと話していると、「今現在なんとかやり繰りできればよい、将来のことは将来の人が考えればよい」といった考えではなく、「若者に将来を託していく」という意識を持っている人が多いように感じます。

海士町の高校生の「島留学」などはこの典型例であり、邑南町では早くから「日本一の子育て村構想」を打ち出していました。先に触れた四町や島根県雲南市や岡山県西粟倉村などはいずれも、若者の間でチャレンジしやすい地域との評判が評判を呼んで、本気で社会を地方から変えたいと考える若者が集まる場となっています。また、外から来た若者に触発されて、地元の若者も主体的に活躍を始めています。

若者の育成という意味で学校の存在は極めて重要です。海士町の島前高校は島根県立高校のまま、町の協力を得て改革を進めて成果を上げましたが、北海道三笠市にある北海道三笠高校は、道立高校として廃止の危機にあったところ、三笠市が市立高校として引き継ぎ、二〇一二年に調理師コースと製菓コースから成る食に特化した高校として再出発しました。三笠市は人口流出に歯止めがかかり始めているそうです。

第四に、地域住民が、「このままではこの地域に人が住めなくなり、将来まち・むらがなくなるかもしれない」という**現状認識・危機感を共有し、国の支援には限りがあり、口を開けて待っていてもしょうがないのだから、自らが地域を変えていかなければならないと本気で考えていること**です。

これに関しては、海士町のエピソードが有名です。二〇年ほど前、人口減少、財政危機に瀕していた海士町において、当時の町長は、その現実や、このままいったらどうなるかといった見通しを町民に洗いざらい開示し、自らの俸給返上のみならず、職員の給料もカットした上で、産業創出のための設備投資（水産物の鮮度を保つ急速冷凍装置）の財源を捻出するために、住民サービスもギリギリまで引き下げることを町民にお願いしました。こうして導入した装置を活用して地場産品に付加価値を付け、販路を拡大することに成功し、その後の一連の取組みにつながっていきました。

こうしたことも参考に、国は、各自治体が地方創生の総合戦略を策定するに当たって、住民と危機感を共有するよう、このまま行けば、二〇年後、三〇年後に自分の自治体はどういう状況になるか、年齢別人口の見通しなどを開示することを提案したのですが、ほとんどの自治体では、危機感の感じられない、現実的でない楽観的な見通しを公表しました。厳しい現実を開示し、住民にも負担を求めるような戦略を策定、実行しようとした首長が選挙で負けて交代した自治体もあります。

こうした中でも、この四町は、現状を精緻に分析し、人口減少に歯止めがかかっている中でも、努力を継続しなければ再び元来た道に戻ってしまうという危機感を住民と共有しています。

これら四つのことは、相互に関連しており、総合的に取り組むことが重要です。また、その根底には、愛する地域を自分たちの力で守っていくという「ビレッジプライド」があります。こうしたことも参考にしながら、**「自立性」「将来性」「地域性」「結果重視」**に**「総合性」を加えた地方創生の五原則**が策定されました。

こうした先行事例は、すでに政府の地方創生のホームページや官民のシンポジウムなどで何度も紹介されているものですが、大切なことは、「島留学」や「A級グルメ」や木質バイオマス発電の取組みをそのままままねることではなく、その根っこにあるエッセンス、すなわち五原則を意識して取り組むことが必要だということです。「古人の跡を求めず、古人の求めたるところを求めよ」です。

このことは、農業においても、そのまま当てはまります。

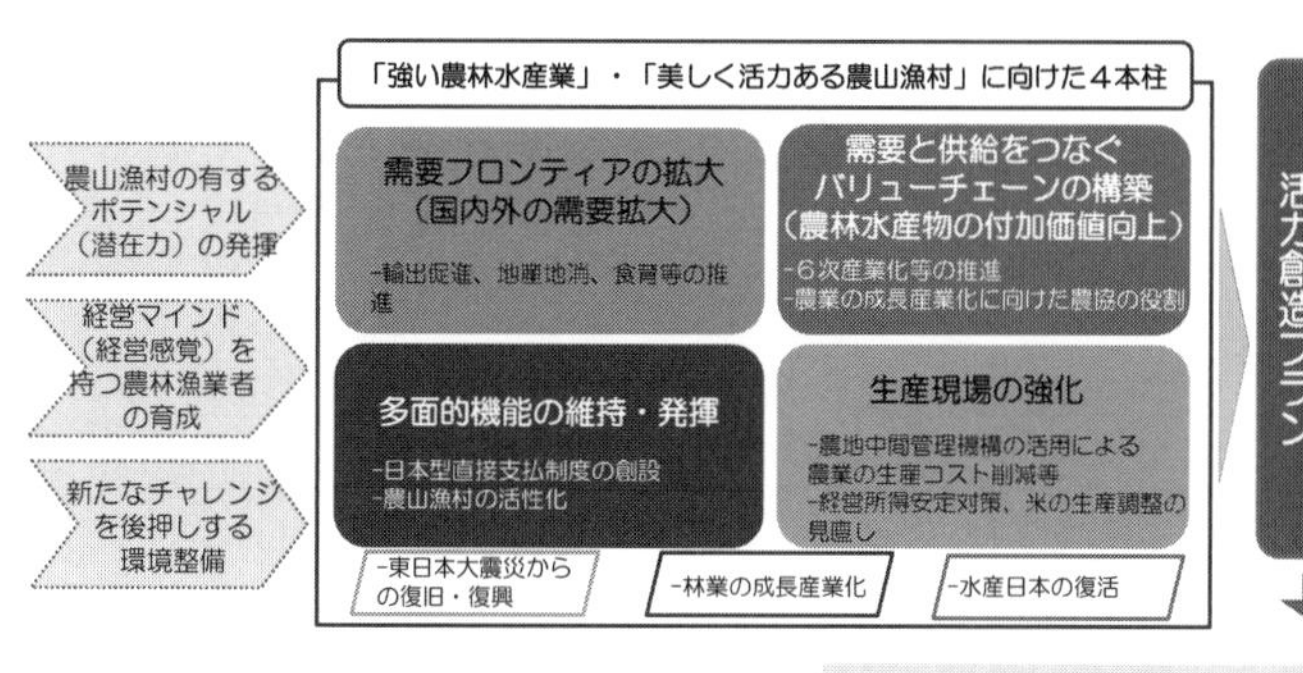

図 1-5　農林水産業・地域の活力創造プランの概要

出典：農林水産省「農林水産業・地域の活力創造プランの概要」（2013 年 12 月 10 日農林水産業・地域の活力創造本部）

3　地方創生としての農政改革

■「自立性」「将来性」を重視した生産性向上による所得向上

それでは、このような地方創生の考え方が、農政改革とどのようにつながっているか、「農林水産業・地域の活力創造プラン」（以下「プラン」と表記）に照らして見てみましょう（図１－５）。

プランは、二〇一二年の民主党から自民党への政権交代に当たり、それまでの民主党政権の戸別所得補償制度を中心とした農政に対して、地方創生の考え方を踏まえつつ基本法に基づく農政改革路線に戻すことを主眼に、農政改革のグランドデザインとして、政権発足一年後の二〇一三年末に取りまとめられました。その後の農政は、実質的にプランに基づいて進められていると言ってもよいでしょう。

取りまとめに当たっての基本的な視点は、次の三点です。

・農業・農村の所得を今後一〇年間で倍増させることを目指す（それによって、我が国全体の成長に結び付けるとともに、美しく伝統ある農山漁村を将来にわたって継承していく）

・消費者ニーズに対応し、農業者が経営マインドを持って収益向上に取り組む環境をつくる

・自らの判断で諸事情の変化に対応し、チャレンジする人を後押しし、農業の自立を促進するものへと政策を抜本的に再構築する

また、政策の結果を検証できるよう、ＫＰＩ（重要業績評価指標）を設定しました。

これは、地方創生の五原則のうちの「自立性」「将来性」「結果重視」と、地方創生が目指す生産性の向上による所得の向上の考え方そのものであることがわかると思います（なお、「地域性」は農政では当然のことと認識されているため明示されておらず、「総合性」は、プランに示された政策の展開方向において、異業種との連携や他の政策分野との連携を強く意識した内容となっています）。

この基本的な視点を踏まえて、プランでは、政策展開の基本的構図として、所得倍増を目指し、①国内外の需要（需要フロンティア）の拡大、②需要と供給をつなぐ付加価値向上のための連鎖（バリューチェーン）の構築など収入増大の取組みを推進、③農地の集約化などの生産コスト削減の取組みや経営所得安

定対策とコメの生産調整の見直しなどの生産現場の強化、④構造改革を後押ししつつ将来世代に継承するための農村の多面的機能の維持・発揮、の四つの柱を軸に政策を再構築し、若者たちが希望を持てる「強い農林水産業」と「美しく活力ある農山漁村」を創ることを目的としています。

その後、幾度か改訂されていますが、この枠組みはその後も継続されています。

簡単に言えば、**本質的な目標は、農業を若者たちが希望を持てる、やってみたいと思える産業にすることであり、そのためには、生産性を向上させて所得を増大させる必要**があり、需給両面にわたって取組みを進めるというものです。

これについては、基本法に基づき策定される「食料・農業・農村基本計画」との関係などがよく議論されますが、プランは、基本法に示された農政の基本理念のうち「農業の持続的な発展」にプライオリティを置いて、地方創生の文脈に照らしてまとめられたものだと理解できます。

■「作業」から「経営」へ——社会経済構造の変化をつかむ

ここでは、プランに基づいて実際に講じられてきた施策の内容や、施策の策定プロセスについての紹介や評価などはあえて述べませんが、私が考える重要なポイントについて若干言及しておきたいと思います。

地方創生もそうですが、プランの策定においても、ここまで述べてきた目指すところを実現するには、経済社会構造の変化を的確にとらえ、それに適応した取組みが必要です。

重要な構造変化を、あえて三つに絞って言えば、本格的な人口減少社会の到来、広範なグローバル化の進展、デジタル化の進展です。

人口減少社会の到来により、国内食市場の縮小、若年労働人口の減少に伴う人手不足などがもたらされます。

広範なグローバル化の進展により、成長するアジア諸国など海外の食市場も視野に入り、海外の政策や海外での市況・トレンドが国内にも影響を及ぼしてきます。新型コロナウイルス感染症の影響で国境をまたいだ人の往来に制約がかかりましたが、カネや情報はむしろますます国境を越えて動くようになりました。こうした動きを受けて、ルールメイクも世界を見渡して検討する必要性が高まっています。

デジタル化の進展により、あらゆるものがネットワークで直接つながる可能性が広がり、産業や市場構造の変化が格段に加速されています。我が国の農業衰退の一因とされてきた、生産と消費の相互の無知・無関心を解消することや、データに基づいた経営・政策立案が進むことも期待されます。モノ消費からコト消費への移行と併せて消費の二極分化（ブランド・エシカル志向ｖｓ低価格指向）が拡大することも想定されます。

これらのことを踏まえて、プランや、戦略において、農産物・食品の輸出の拡大、スマート農業の展開、農産物需給や流通を国がコントロールする政策の見直しなどが盛り込まれ、改革が進められてきました。

また、プランに定める農政改革の四つの柱の中でも最も重要で、時間や改革のモーメンタムが必要となるのは、「生産現場の強化」です。農業の生産性を向上させ、生産現場をホワイト化させる大前提は、そもそも農業を「家業・作業」から「産業・経営」に変えていくことです。

肥料、農薬などの農業資材の価格や農業機械の減価償却などに無頓着だったり、自分が育てた作物が誰に購入され、どう評価されているか知らない農業者がとても多いことが農業生産現場の改革がなかなか進まなかった原因です。

農業で生計を立てている方は、さすがにこういったことを把握されていると思いますが、それでも他産業に比べれば、自分の財務状況の客観的把握、より良い条件で品物を売る努力、自らの経営のどこに課題があるのかという分析は格段に不足しています。

ホワイト化を進めるためには、「経営」らしい農業経営にしていくことが不可欠であり、生産現場の強化のための施策は、そういう農業経営を増やすことだと言えます。

すなわち、**「経営」らしい農業経営を増やしつつ、経済社会の構造変化をうまくつかんで生産性の向上を図って所得を増大させ、農業をホワイト化して若者たちが希望を持てる職業にすること。これによって地方に「良質な仕事」を創出し、東京一極集中の人の流れを変えていくこと。**

これが、地方創生としての農政改革の肝だと考えます。

第2章　ホワイト化視点からみた現在の農業の実態

それでは、農業は今、どの程度ホワイト化しているでしょうか。ホワイト化の要素のうち、仕事のやりがいや生活環境は、各人それぞれの価値観によるところが大きいので、ある程度客観的に把握でき、かつ農業にネガティブなイメージがつきまとってきた農業者の所得、経営体の利益や若い世代の就農の実態を中心にみていきましょう。

1　農業を担っている経営体の実態

■他産業との所得比較

二〇二〇年一一月に公表された直近の農林業センサスによれば、農業経営体は約一〇七万六〇〇〇経営体あり、個人経営体が一〇三万七〇〇〇、法人経営体が三万一〇〇〇などとなっています（表2－1）。

表 2-1　農業経営体数（全国）

区分	農業経営体	個人経営体	団体経営体	法人経営体
2010年	1,679	1,644	36	22
2015年	1,377	1,340	37	27
2020年	1,076	1,037	38	31
増減率（%）				
2015年／2010年	△18.0	△18.5	4.9	25.3
2020年／2015年	△21.9	△22.6	2.6	13.0

単位：千経営体

農業経営体のうち世帯単位で事業を行う者を「個人経営体」といい、それ以外を「団体経営体」という。団体経営体のうち法人化して事業を行う者（1戸1法人〔農家であって農業経営を法人化しているもの〕を含む）を「法人経営体」という。なお、「家族経営」とは、個人経営体及び法人経営体のうち1戸1法人のことである。
出典：農林水産省「農林業センサス」

戦後、農地解放により、長らく農業経営は個人が経営体として担うものとされてきましたが、最近では農業が徐々に「産業・経営」になりつつあることに伴い、法人経営体が増加しています（二〇一〇年は二万二〇〇〇でした）。

ただ、農業産出額全体に占める割合は、今なお個人経営体が多数を占めていますので、個人経営体の実像を見てみましょう。

農業経営統計調査によれば、二〇一八年の個人経営体の平均所得は五一一万円で、内訳は農業所得一七四万円、農外所得＋年金等収入三三六万円となっています。全世帯平均所得が五五二万円ですから、やはり、農家の所得は少なく、兼業収入や年金収入がなければ食っていけない、農業は稼げない産業だと思われるかもしれません。

しかしながら、農業経営体といっても、主に農業所

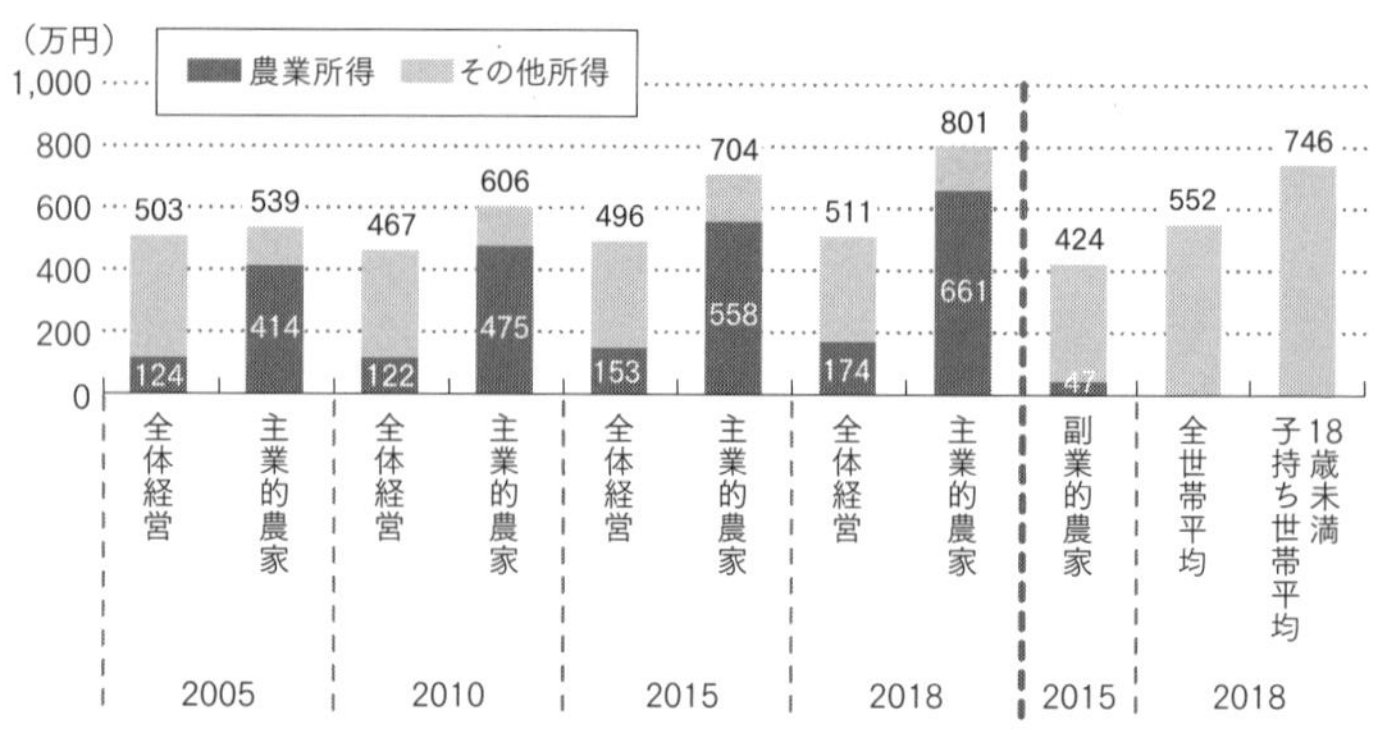

図2-1　農業経営体の平均総所得

農業所得が主で1年間に60日以上自営農業に従事している65歳未満の世帯員がいる個人経営体を「主業経営体」といい、1年間に60日以上自営農業に従事している65歳未満の世帯員がいない個人経営体を「副業的経営体」という。
出典：農林水産省「農林業センサス」「農業経営統計調査」より日本政策金融公庫作成

得で生計を立てている主業経営体と、農業は副業的な位置づけという経営体があり、主業経営体でみてみると（図2－1）、平均所得は八〇一万円、内訳は農業所得六六一万円、農外所得＋年金等収入一四〇万円となっています。つまり、**農業をメインでやっている農家らしい農家は、他産業に従事している世帯よりもはるかに所得が高い**のです。所得の少ない高齢者だけの世帯を除いた、いわゆる現役世代である一八歳未満の子持ち世帯の平均所得をみても七四六万円であり、主業経営体の所得はこれよりも高いのです。

なお、「主業経営体」とは、世帯所得の五〇％以上が農業所得であって、六五歳未満の農業従事者がいる個人経営体（農家世帯）のことであり、売上規模の大小、雇用の有無は問いません（常雇いのない、いわゆる家族経営が多数を占めています）。

もちろん、農業は天候や災害などの影響を受けやすく、鳥インフルエンザや豚熱のような家畜疾病のリスクにもさらされており、農産物価格の変動も一般の物価変動の比ではないので、個々の農業経営体の所得は年によって大きく増減しますが、少なくとも、農家らしい農家は、他産業の従事者並み以上の暮らし向きとなっているのが現実です。

さらに、驚くべきことに、主業経営体の平均所得のここ数年間の推移をみてみると、二〇〇五年五三九万円、二〇一〇年六〇六万円、二〇一五年七〇四万円、そして二〇一八年八〇一万円となっています。つまり、**ひと昔前までは、確かに農業は稼げる産業ではなかったのですが、ここ数年間で急速に稼げる産業になってきた**のです。

個人農業経営体に占める主業経営体の割合は、全国平均では二二%となっていますが、地域によって大きく異なります（図2－2）。

北海道（七一%）、青森県（四一%）では主業経営体の割合が高いのに対して、兼業をしやすい稲作が農業生産の中心であり、かつ地場の製造業に強みがあるため兼業機会が今なお多く残っている北陸三県では富山県・福井県八%、石川県一一%などと低い割合となっています。このほか、畜産や野菜などが中心の南九州（宮崎県三五%、熊本県三三%、鹿児島県三一%）や、急峻な山地が多いものの温暖な気候に恵まれ特徴のある果樹や野菜生産が行われている高知県（三三%）、長崎県（三二%）などが高くなっています。

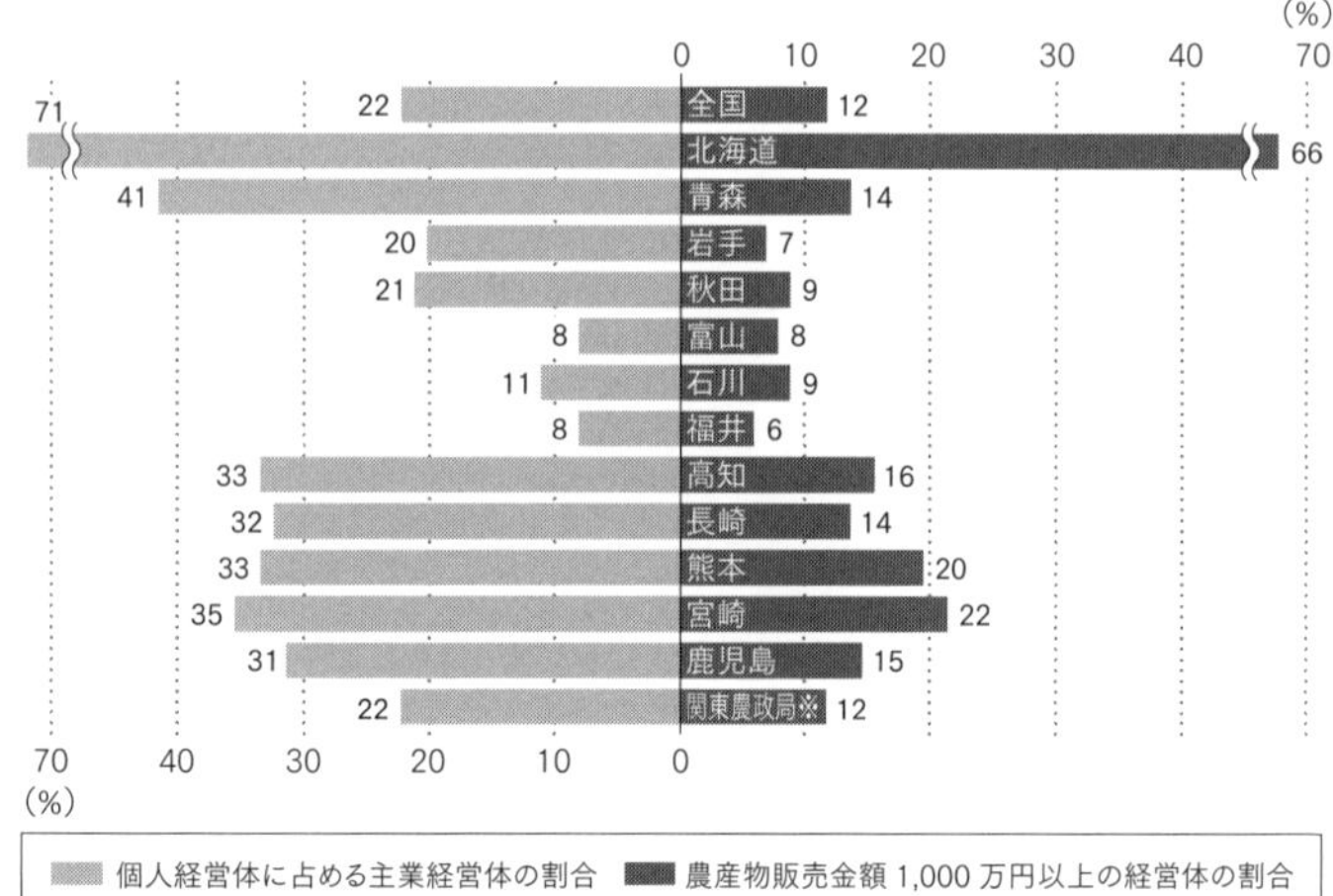

図 2-2　個人経営体に占める主業経営体の割合及び販売規模別経営体の割合
※関東農政局は、茨城県・栃木県・群馬県・埼玉県・千葉県・東京都・神奈川県・山梨県・長野県・静岡県。
出典：農林水産省「農林業センサス」より日本政策金融公庫作成

関東平野など就業機会が多いところでは主業経営体の割合が低くなるのは当然ですが、同じ北部東北地方でも近隣県を比較すると、青森県は主業経営体の割合が高くなっているのに対して、岩手県（二〇％）、秋田県（二一％）は他産業への就業機会が多くないにもかかわらず、主業経営体の割合は低い水準となっています。

一方、法人経営体においては、就業者の所得を把握したデータがなく、農業経営統計調査からおよその傾向を把握するしかないのですが、二〇一八年の調査によれば、組織法人経営の平均値として、農業所得（農業粗収益−農業経営費）が一億六〇五一万円、従事者一三・四人、農業投下労働時間一万八七〇三時間となっています。他の農業経営関係資料

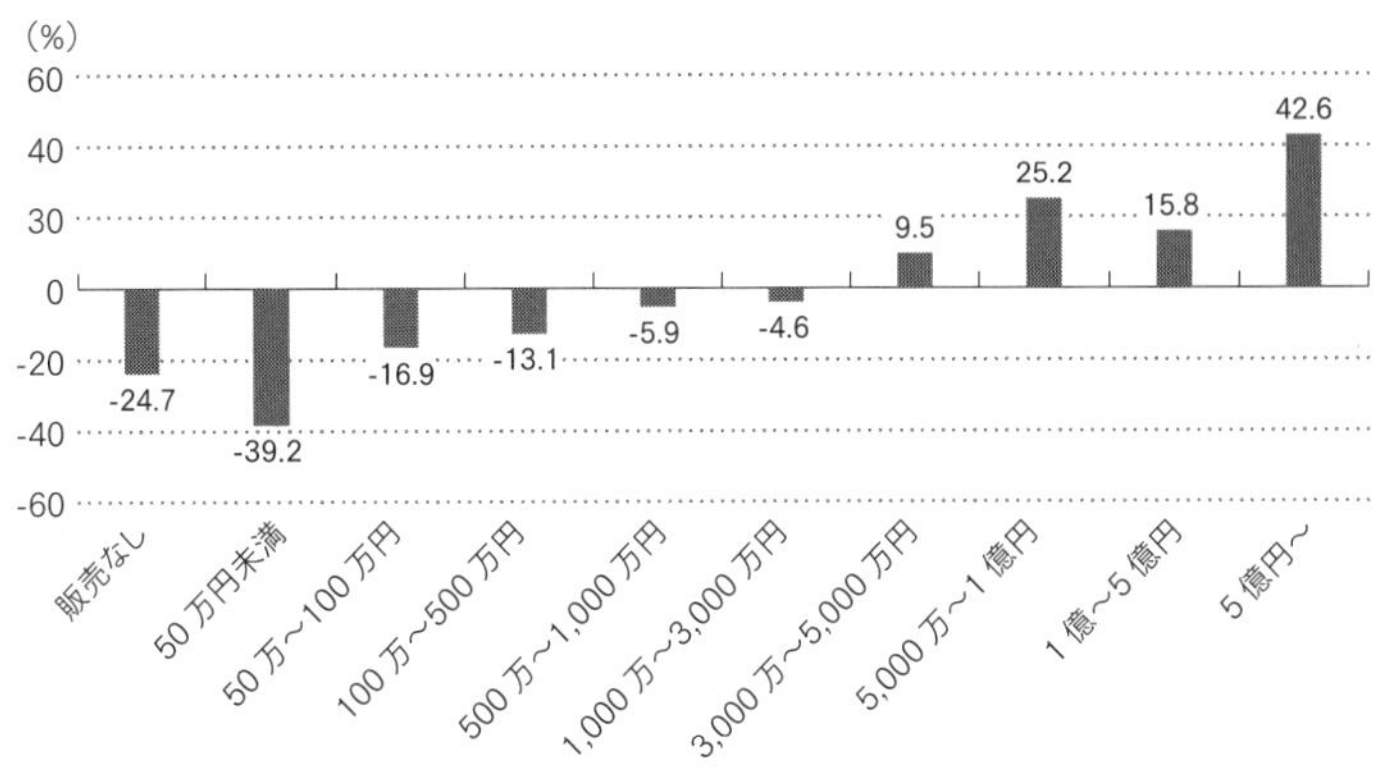

図2-3　農産物販売金額規模別農業経営体数の増減率（全国）
2015年と2020年の農業経営体数を比較したもの。3,000万円以上の農業経営体数を合計すると16%増加した。
出典：農林水産省「農林業センサス」

から推計すれば、人件費は従事員一人当たり一〇〇〇万円程度（諸経費や管理費用も含まれているので従業員の給与ではありません）、一人当たり労働時間一四〇〇時間程度とみられます。これも、他産業と遜色ないものだと思います。

なお、主業経営体、法人経営体とも、畜産、野菜、畑作などでは相対的に所得が高く、稲作、果樹では相対的に所得が低くなっていますが、品目ごとの分析をすると話が複雑になるので、ここでは事実の摘示だけにとどめておきます。

■農業産出額の六割は販売金額三〇〇〇万円以上の経営体によっている

農業経営体の数は年々減少しており、直近の農林業センサスによれば、この五年間でも一三七万七〇〇〇経営体（二〇一五年）から一〇七万六〇〇〇経営体（二〇二〇年）に減少しています（表2－1）。しかし、

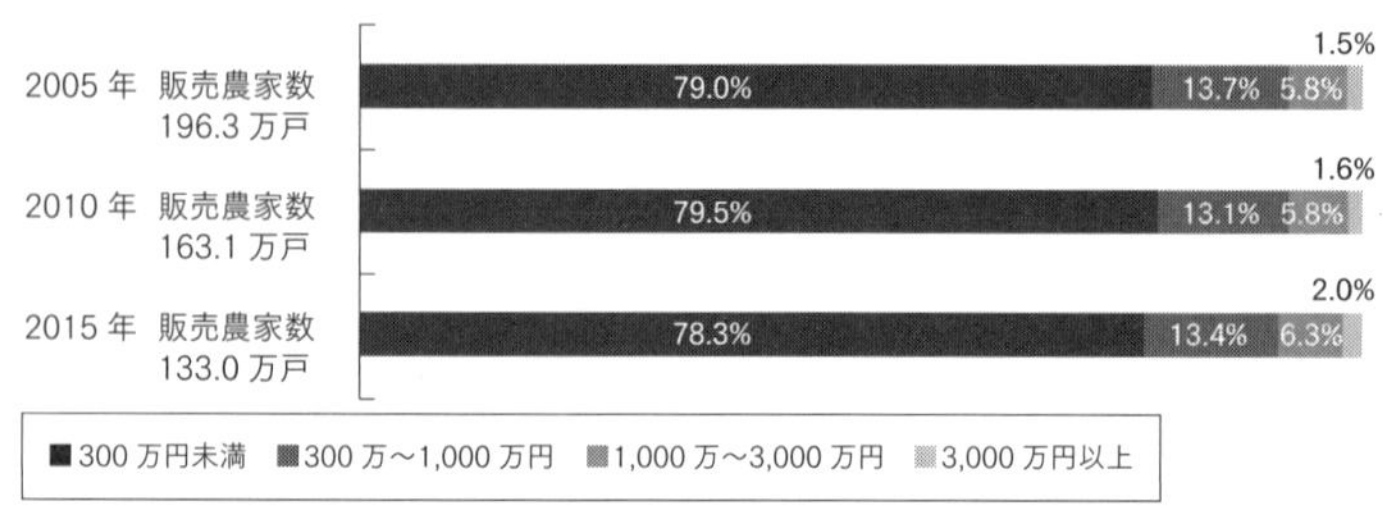

図2-4 農産物販売金額規模別販売農家数
出典：農林水産省「農林業センサス」

図2-5 農産物販売金額規模別農業産出額シェアの推移
出典：農林水産省「農林業センサス」

販売金額一〇〇〇万円以上の経営体は減っておらず、**三〇〇〇万円以上の経営体はむしろ一〇%以上も増加**しています（図2－3）。

前回二〇一五年の農林業センサスによれば、一〇〇〇万円以上の経営体は農業経営体全体の八%、三〇〇〇万円以上の経営体では二%しかないのですが（図2－4）、我が国の農業産出額に占める割合をみると、一〇〇〇万円以上の経営体で七四%、うち三〇〇〇万円以上の経営体で五一%を占めています（図2－5）。おそらく、直近の統計では、**販売金額一〇〇〇万円以上の経営体が我が国の農業産出額の八割以上を、三〇〇〇万円以上の経営体が六割近くを担っている**と思われます。

他産業並み以上の所得を上げるためには、売上原価などを勘案すれば、三〇〇〇万円以上の販売金額が必要になると思いますが、今、日本の農業の六割は、こういった経営体によって支えられているのです。

販売規模別の経営体数についても、都道府県別に見ると、北海道では販売金額一〇〇〇万円以上の経営体が六六％、三〇〇〇万円以上が三四％を占めています。この他、主業経営体の割合の高かった南九州も一〇〇〇万円以上の割合が高く（宮崎県二二％、熊本県二〇％、鹿児島県一五％）、高知県（一六％）、青森県・長崎県（一四％）も比較的高くなっているのに対し、主業経営体の割合の低かった福井県（六％）、岩手県（七％）、富山県（八％）、秋田県・石川県（九％）はやはり一〇〇〇万円以上の経営体の割合が低くなっています（図２－２参照）。

２　若者の農業への就業の実態

■若い世代の農業従事者は増加中

それでは、若い世代の農業への就業の実態はどうなっているのでしょうか。二〇二〇年農林業センサスでも、基幹的農業従事者数が二〇一五年の一七五万人から一三六万人に減少し、五〇歳未満の従事者数も

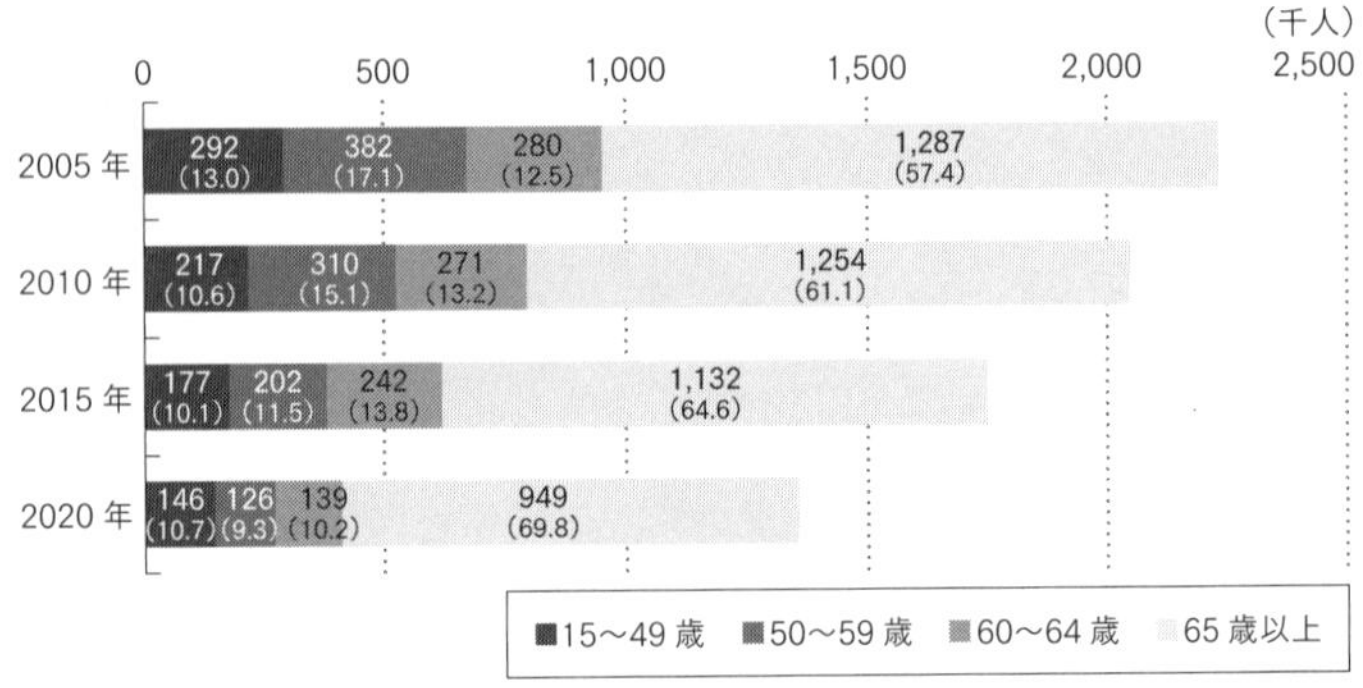

図2-6　年齢別基幹的農業従事者数（個人経営体）の構成（全国）
（　）内は基幹的農業従事者に占める割合（%）である。
出典：農林水産省「農林業センサス」

一八万人から一五万人に減少したとの結果になっており、一方で六五歳以上の従事者の割合が六五%から七〇%とさらに上昇し、農業の高齢化と若い世代の減少が一層進んだ、とされています（図2－6）。

しかし、この基幹的農業従事者とは、個人経営体の従事者のことであり、法人経営体の役職員は含まれていません。実は、法人経営体の増加とともに、経営体の規模拡大に合わせて雇用就業者数が増加しています。二〇一八年の農業構造動態調査によれば、常雇いの農業従事者は二四万人で、そのうち一二万三〇〇〇人、つまり過半数が五〇歳未満となっています。

これらを合計した五〇歳未満の農業従事者数の推移をみると、二〇一〇年三〇万六〇〇〇人だったのが、それ以降はほぼ毎年増加し、二〇一八年には三三万四〇〇〇人となっています（図2－7）。

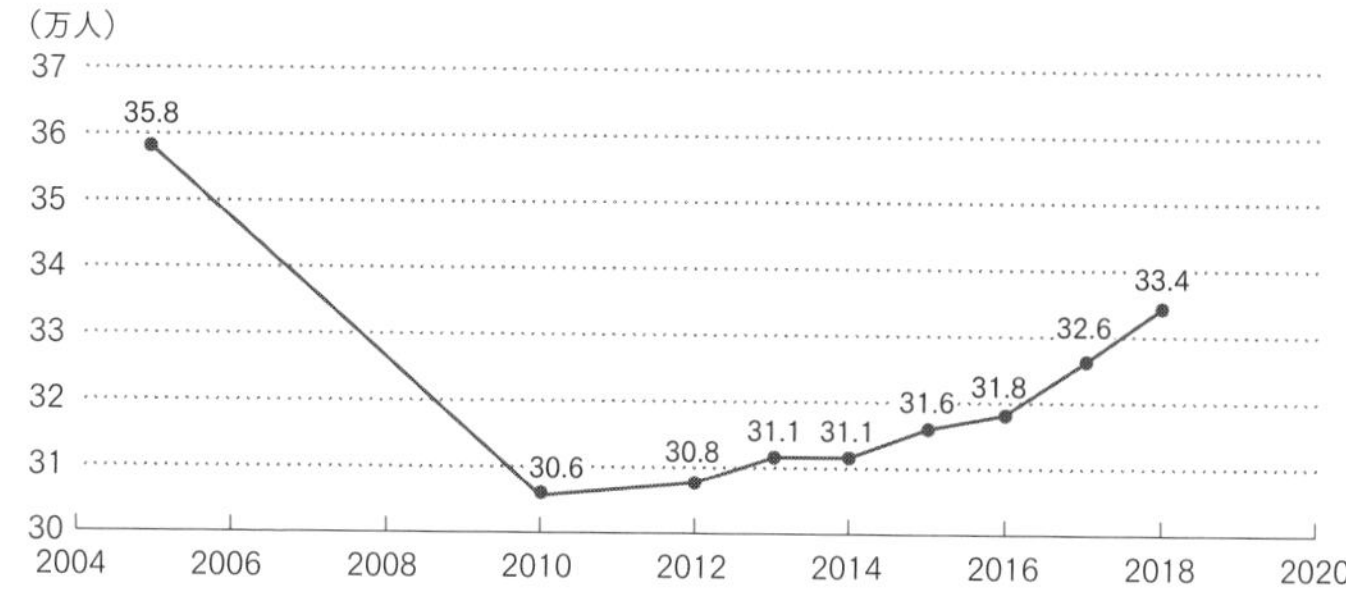

図 2-7　50 歳未満農業従事者数の推移
出典：農林水産省「農林業センサス」、「新規就農者調査」及び総務省統計局「国勢調査」

ただ、それ以前の二〇〇五年では三五万八〇〇〇人であり、さらにそれ以前はもっと多かったことからすれば、まだまだ少なく、農林水産省が設定する二〇二三年目標の四〇万人達成までは遠い道のりですが、農業がようやく稼げる産業になってきたことに加えて、二〇一二年から新規就農者を支援するための助成措置が講じられたこともあり、**若い世代の農業就業者の減少が底を打ち始めている**ことは確かです。

また、年齢別の農業従事者についても都道府県別にみてみると、二〇二〇年農林業センサスの個人経営体の調査によれば、やはり**主業経営体や販売金額一〇〇〇万円以上経営体の割合が高いところでは若い農業従事者の割合が高い**という傾向にあります。例えば、全国平均では六〇歳未満の割合は二〇％であるのに対して、北海道四七％、長崎県・熊本県二七％、青森県・高知県・宮崎県二六％、鹿児島県二三％と高く、富山県八％、福井県九％、石川県一二％、岩手県一五％、秋田県一六％と低くなっています（図2－8）。

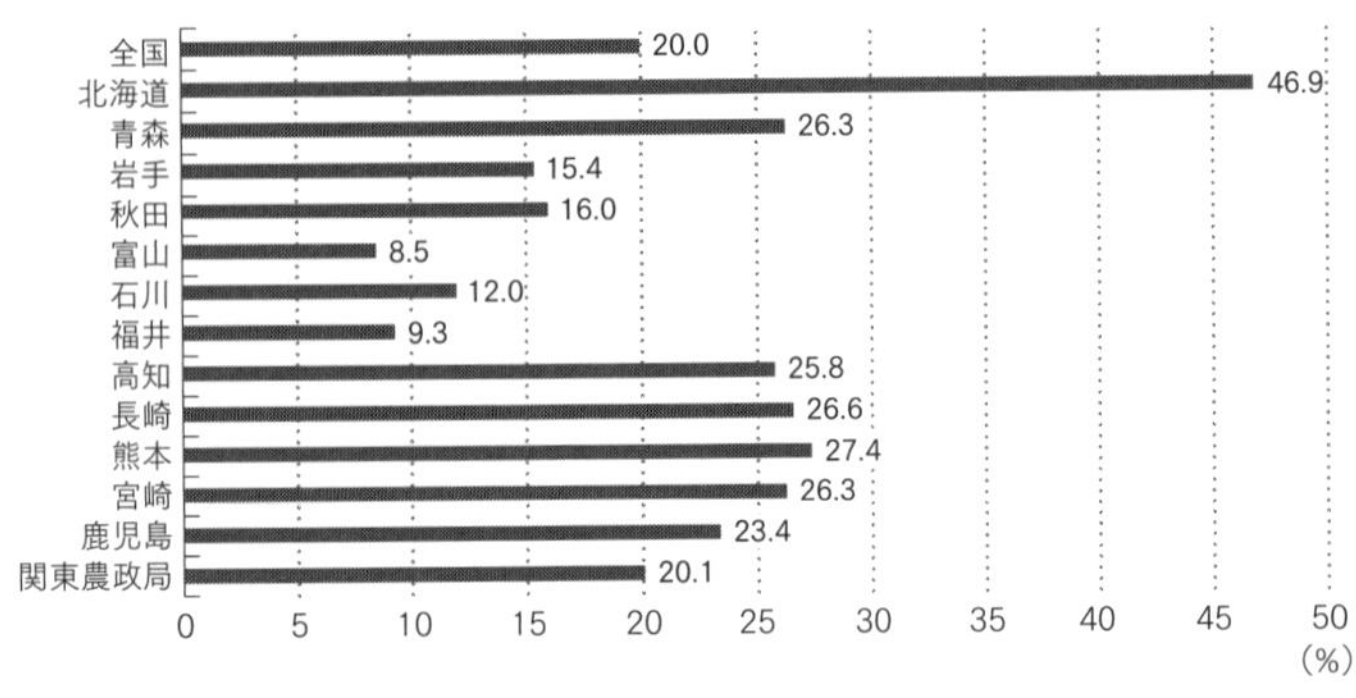

図 2-8　基幹的農業従事者に占める 60 歳未満の従事者の割合（個人経営体）
出典：農林水産省「農林業センサス」より日本政策金融公庫作成

■農家出身でない新規就農者が増えている

一方、新規就農者の動向をみると、ここ一〇年ほどの間は毎年六万人前後、四九歳以下のいわゆる青年の新規就農は二万人前後で推移していますが、特に青年新規就農者でみれば、「新規参入者」＋「新規雇用就農者」すなわち農家以外から農業に入ってきた人と「新規自営農業就農者」すなわち農家の出身者は同じくらいになってきています（図２－９）。

どんな職業においても、人には向き不向きがあり、業績好調なオーナー企業の子供でも、中小企業経営を引き継ぐよりも医者になりたいと思う人もいるでしょう。農家出身でも、体を動かすことや家畜が苦手だったり、農業なんて嫌だという人がいる一方、農家出身でない人でも、作物の生育が楽しみだったり牛をかわいいと思ったりして農業が大好きだという人もいます。

農村では戦後も長らく「家」の意識が強く残っていましたが、「家」の枷（かせ）がなくなってきた今、出身よりも適性や志で職業が選択されるようになり、農業においても、ようやく農家の長男

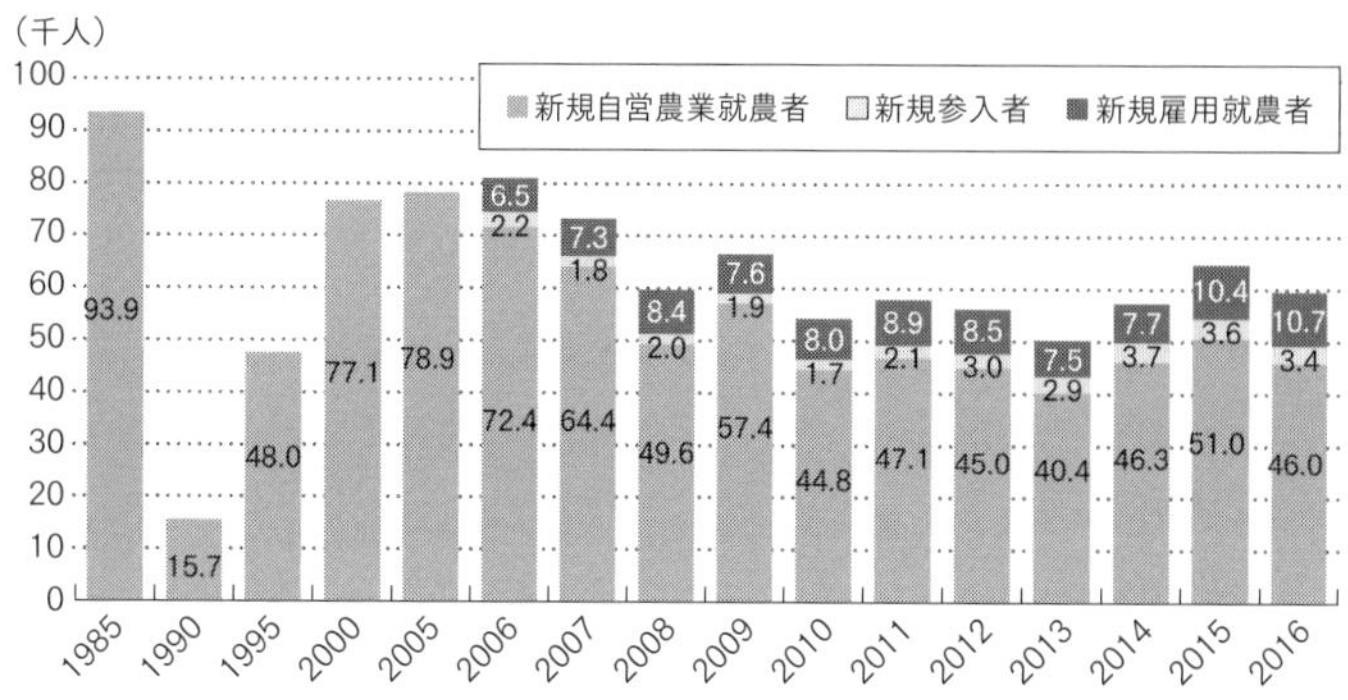

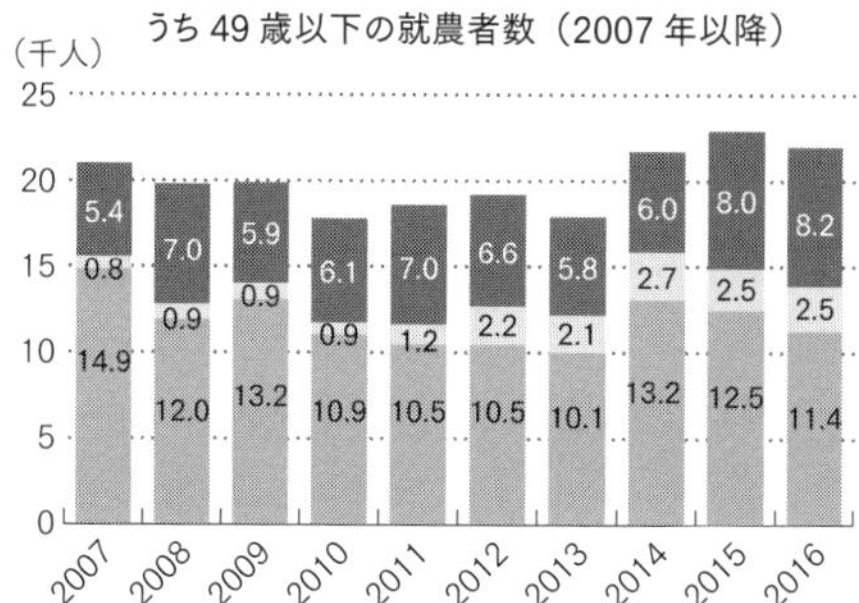

図 2-9　新規就農者数の推移

調査前直近１年間に、家族経営体の世帯員で新たに農業に従事した者を「新規自営農業就農者」といい、法人等に常雇いとして雇用されることにより新たに農業に従事した者を「新規雇用就農者」といい、土地や資金を新たに調達して農業経営を開始した者を「新規参入者」という。2005年以前の新規就農者は、新規自営農業就農者のみであり、2011年以降の調査結果は東日本大震災の影響で調査不能となった福島県の一部地域を除いて集計した数値。

出典：農林水産省「新規就農者調査」

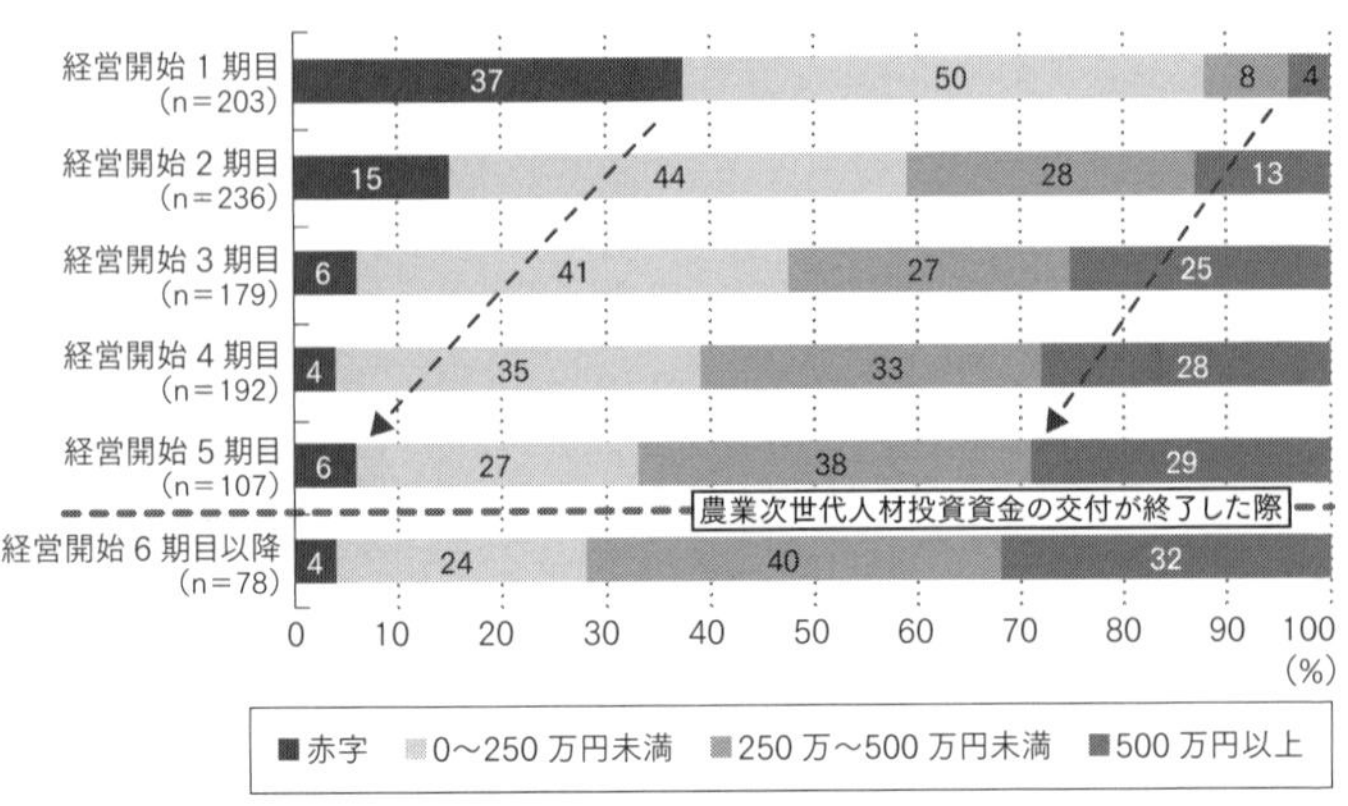

図 2-10　就農５年後の年間キャッシュフロー（CF）分布について（農業次世代人材投資資金を含む）

経営開始○期目とは、確定申告を実施した回数ごとに区分している。例えば、確定申告を３回実施した場合は、経営開始３期目としている。

出典：日本政策金融公庫「令和元年度認定新規就農者フォローアップ調査結果報告書」

だから農家を継ぐという「家業」のくびきから解放され、**農業を職業として選択し、農業をやりたいという人が農業に入ってくる時代になってきた**ということです。

また、これは個人的な実感にすぎませんが、農家の後継ぎの方でも、今では、親の姿を見て素敵だと思ったり、農業という職業に魅力や社会的な意義を感じて就農する方が以前よりも格段に増えたような気がします。

■就農五年後に七割が年間キャッシュフロー二五〇万円以上

就農しても、三割くらいは高齢化以外の理由で離農するとされていますが、新規就農者の経営実態はどうなっているでしょうか。

日本政策金融公庫が二〇一九年に行った、新規就農者向けの資金の融資先を対象に、就農五年後

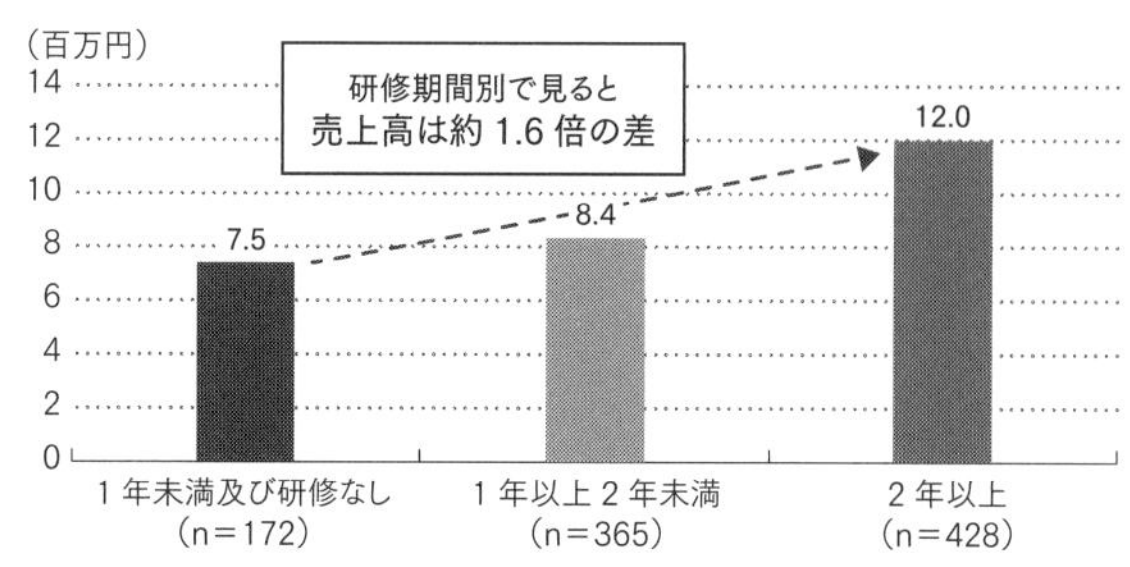

図 2-11　就農 5 年後における研修既刊別の平均売上高
出典：日本政策金融公庫「令和元年度認定新規就農者フォローアップ調査結果報告書」

の経営実態について調査した結果によると、六七％の人が年間キャッシュフロー（農業所得＋減価償却費、つまり、一年間農業経営を行った際に手元に残るお金）が二五〇万円以上である一方、赤字の人も六％いました（図２－10）。

若年で離農する人は、健康を害したり家庭の事情の変化などを除き、多くは経営不振が理由ですので、この、就農五年後二五〇万円以上が約七割という数字は納得感があると思います。

また、内容を精査してみると、就農前に「二年以上」研修を受けた人の平均売上高は「一年以上二年未満」の人の一・四倍、「一年未満及び研修なし」の人の一・六倍となっています（図２－11）。

さらに、農業経営をする上で大切と考えるものとして、「技術習得」を挙げた人が六一％と最も多く、続いて、「資金の確保」四五％、「販路確立」三九％となっており、事前の準備、とりわけ技術の習得が必須であり、販路や資金の目星もつけておくことが重要であることがわかります（図２－12）。

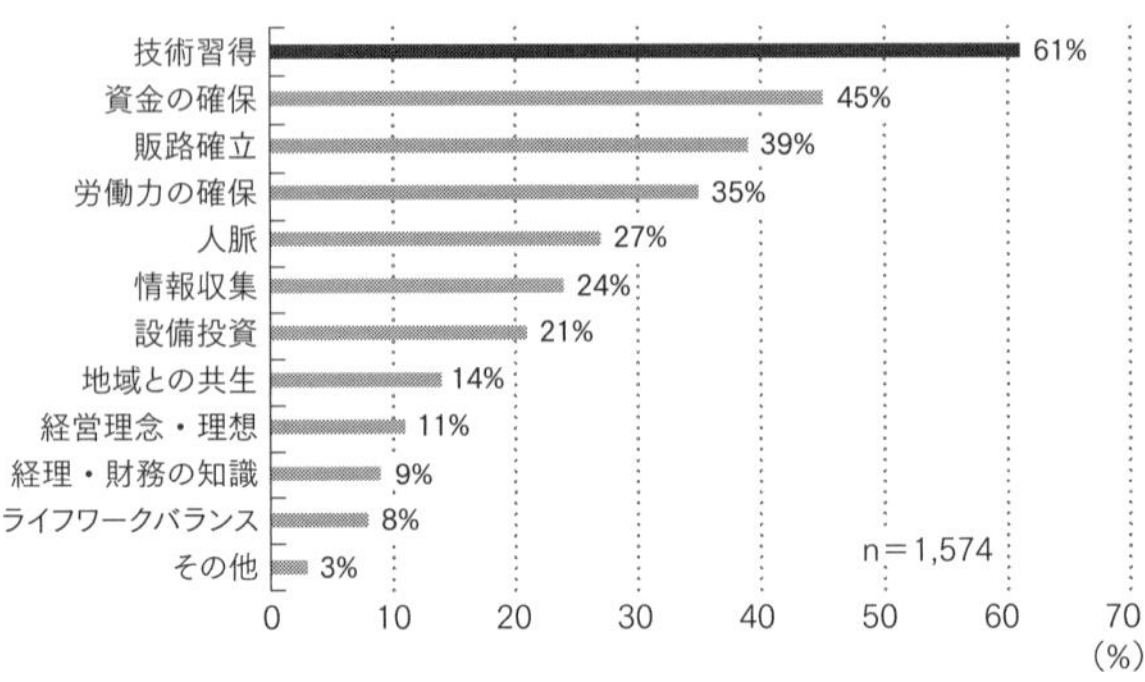

図 2-12　農業経営をする上で大切と考えるもの（3つまで選択）
出典：日本政策金融公庫「令和元年度認定新規就農者融資先フォローアップ調査結果報告書」

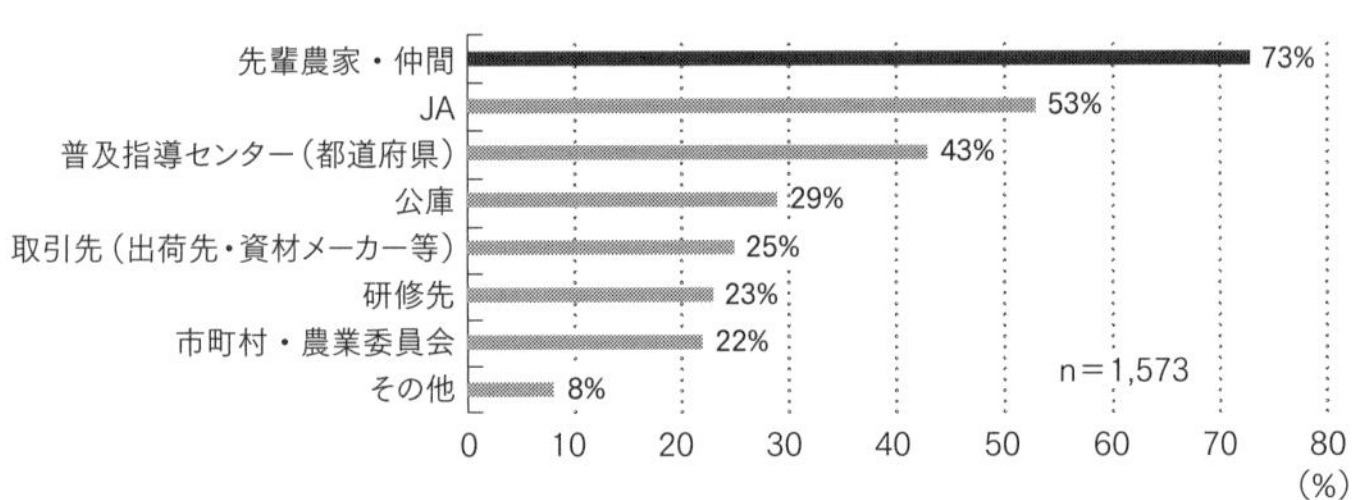

図 2-13　農業経営をする上で頼りになった先（3つまで選択）
出典：日本政策金融公庫「令和元年度認定新規就農者融資先フォローアップ調査結果報告書」

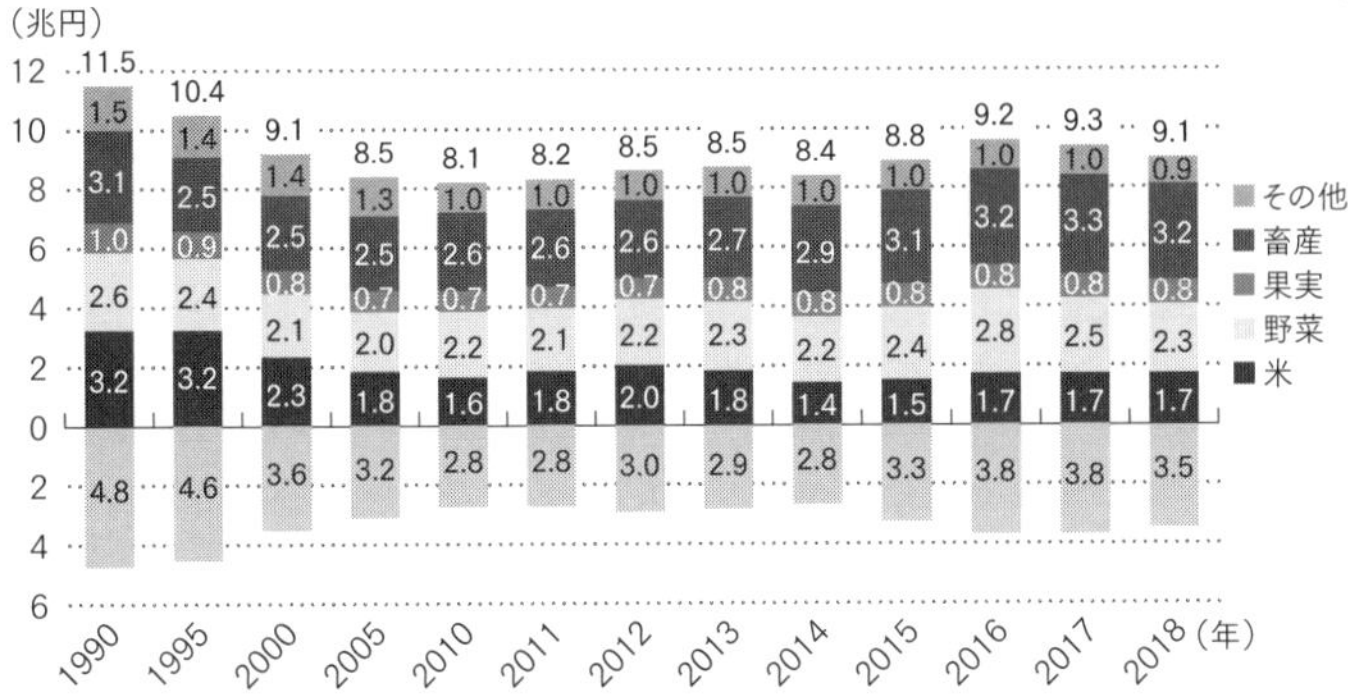

図 2-14　農業総産出額及び生産農業所得の推移
我が国で生産された農産物の生産量に農家庭先販売価格を乗じたものの総計を「農業総産出額」といい（グラフ上部）、農業総産出額から物的経費（減価償却費及び間接税は含むが、雇人費及び地代利子を含まない）を控除し、経常補助金を加えた額を「生産農業所得」という（グラフ下部）。
出典：農林水産省「生産農業所得統計」

このほか、就農後に頼りになった先として、先輩農家・仲間を挙げた人が七三％、ＪＡが五三％、普及指導センターが四三％となっており、やはり、農業においては、農村コミュニティの中での地域の人々とのつながりが重要であることがうかがえます（図２－13）。

3　産業としての農業の実態

■農業総産出額は二〇一五年以降増加基調

農業が衰退産業と多くの人から認識されるようになった要因の一つに、農業の産業規模を示す農業総産出額が一九九〇年以降減少し続けてきたことが挙げられます。実際、一九九〇年の一一・五兆円から、一九九五年一〇・四兆円、二〇〇〇年九・一兆円、二〇〇五年八・五兆円、二〇一〇年八・一兆円と減少の一途をたどり、その後も二〇一四年までは低位横ばいで推移してきました。

しかしながら、二〇一五年から増加基調に転じ、年により多少の増減はありますが、二〇一六年以降は九兆円程度の水準となり、二〇〇〇年頃の生産水準にまで戻してきました。これに伴い、農業経営体の農業所得の合計である生産農業所得も、二〇一〇年頃には二兆円台にまで低下していたものが、二〇一五年以降は三兆円を超えています（図2－14）。

これについては、農業経営体数が激減する中、供給不安で単価が上がったからだとする見解もありますが、事実としては、法人経営体や主業経営体の生産全体に占める割合が高まり、農業の生産性が向上したということだけは確かです。

■規模拡大と生産性の関係

産業としての農業を語るときに、よく言われるのは規模拡大と企業の農業参入、植物工場などのハイテク農業ですが、それらの実態はどうでしょうか。

一定規模に達していない経営体においては、労働時間のわりに所得が上げられないので、ホワイト化の視点から言えば、一定規模以上の農業経営体となることが前提なのは確かです。一定規模とはどれくらいかといえば、営農類型によって違いますが、常雇いのない主業経営体の規模で、例えば水田作では一〇haから一五ha程度、施設野菜では〇・五ha程度といった感じです。

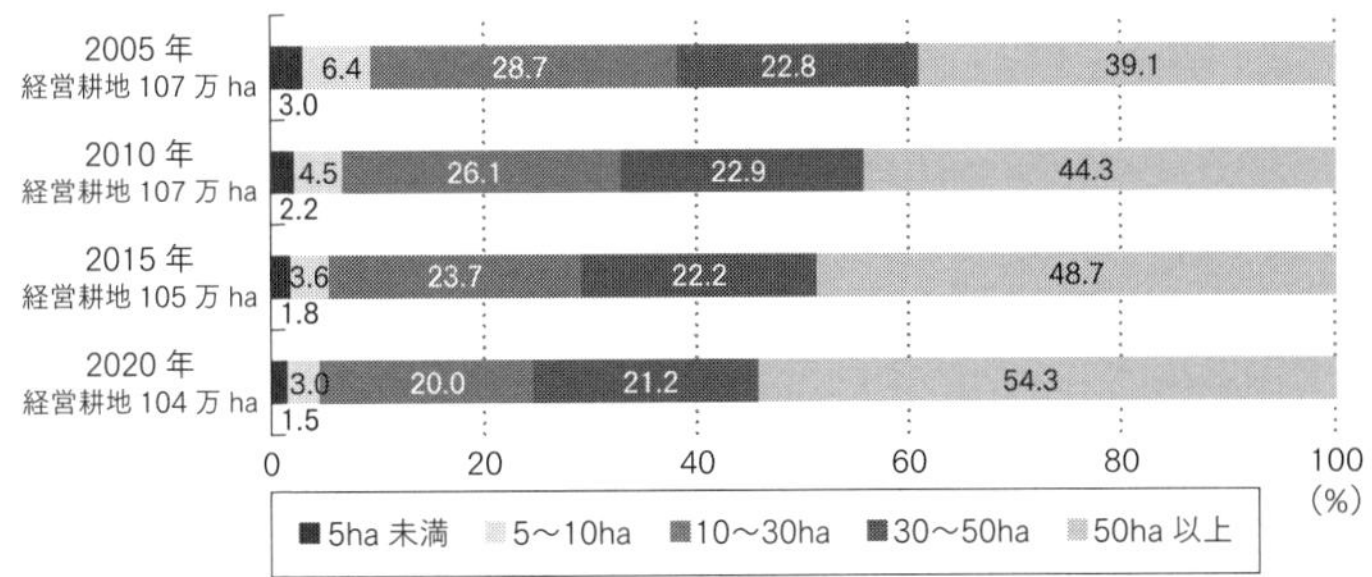

図 2-15 北海道の経営耕地面積別の農業経営体による面積シェア
経営耕地面積別の農業経営体数の割合では、「経営耕地面積なし」経営体を除く。
出典：農林水産省「平成 28 年度食料・農業・農村白書」「農林業センサス」

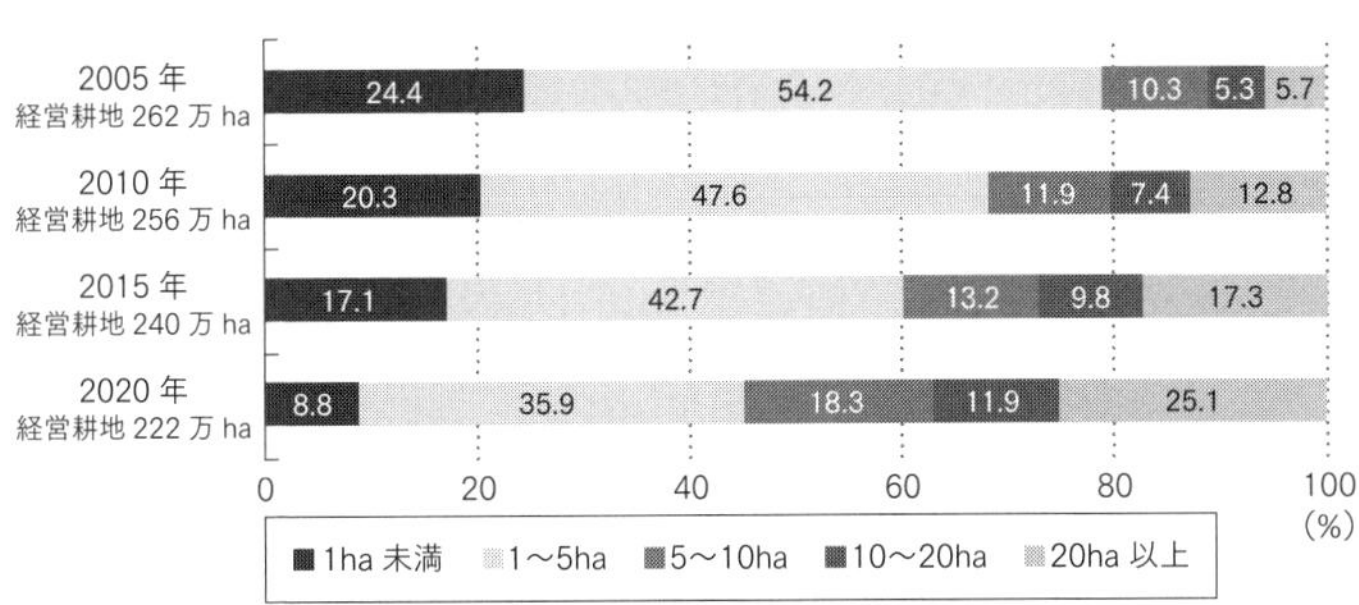

図 2-16 都府県の経営耕地面積別の農業経営体による面積シェア
経営耕地面積別の農業経営体数の割合では、「経営耕地面積なし」経営体を除く。
出典：農林水産省「平成 28 年度食料・農業・農村白書」「農林業センサス」

この観点から、経営耕地面積別の農業経営体による面積シェアをみてみると、二〇二〇年の農林業センサスによれば、北海道では一〇ha以上の経営体が経営する農地面積が九六％（三〇ha以上の経営体では七六％）を占めるのに対して、都府県では三七％にとどまっています（図2－15、図2－16）。

都府県では、二〇〇五年には一一％、二〇一五年でも二七％でしたから、この一五年間でその割合が急速に高まってはいますが、ホワイト化の観点からいえば、まだまだ規模拡大していく必要があると言えます。

畜産の場合は、一部の類型を除いて主業経営体または法人経営体の占める割合が高く、相当程度の経営体が、ここで言う一定規模以上となっています。

では、一定規模以上の場合、農業においてスケールメリットはあるのでしょうか。

規模拡大でよく引き合いに出されるのが稲作で、都府県平均規模の二haの経営よりも一〇ha以上の経営の方が生産性が高いなどとよく言われます。が、これは、副業的な経営体よりも主業経営体の方が生産性が高いと言っているにすぎません。

農業所得で生計を立てている人について、規模拡大が一人当たり農業所得にどう影響しているかといった公的な分析はほとんどされていないので、公表統計からの推測と、日本政策金融公庫の過去の調査から概観してみます。

まず、農業経営統計調査の二〇一八年営農類型別経営統計からみた一農業経営当たりの経営状況のデー

表 2-2　1農業経営体当たりの経営状況

区分	単位	水田作		
		平均	10.0ha以上 20.0ha未満	20.0ha以上
集計経営体数	経営体	1,511	188	346
営農累計規模	a	2.23	1,388.5	4,355.0
農業粗収益	千円	3,192	19,361	55,627
うち補助金等受取金	千円	565	5,022	17,580
農業経営費	千円	2,468	13,221	38,430
農業所得	千円	724	6,140	17,197

出典：農林水産省「農業経営統計調査」

タを見てみましょう（表２－２）。

水田作の農業所得は、一〇haから二〇ha未満規模（平均一四ha）で六一四万円であるのに対して、二〇ha以上規模（平均四四ha）では一七二〇万円と約三倍となっています。このことから、規模拡大するほど所得が上がるように見えますが、機械化・省力化が進んだ水田農業の実態からすれば、現在一人でできる規模は一〇ha強であり、「一〇haから二〇ha未満規模」（平均一四ha）は主たる労働力一人の主業経営体の姿を示しているのに対して、「二〇ha以上規模」は平均四四haですので労働力三人の主業経営体か法人経営体の姿を示していると言えます。すなわち、**一人当たりの農業所得でみれば、一五haの経営体と四四haの経営体とで差が見られない**ということです。これは、おおむね他の営農類型についても言えます。

次に、日本政策金融公庫が二〇一七年に公表した、施設園芸（トマト）の調査結果をみると、施設規模で六〇〇〇㎡か

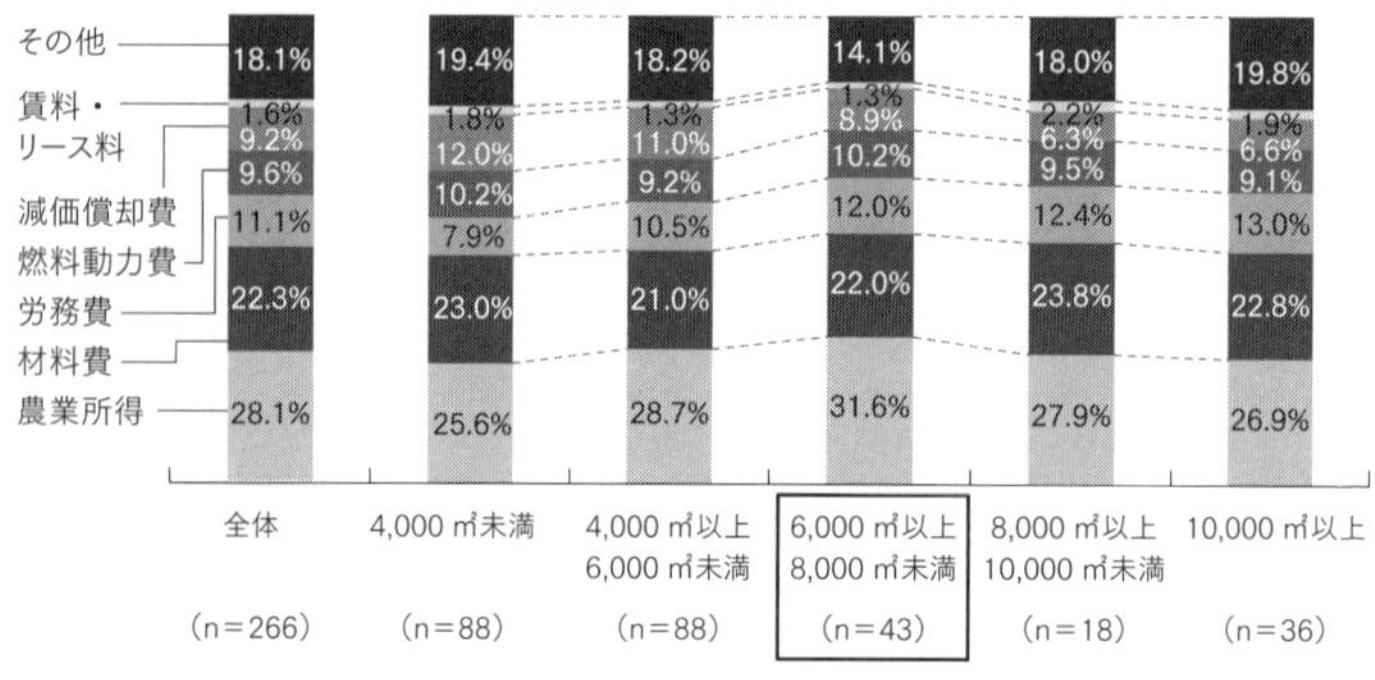

図2-17　施設規模ごとの売上高に占める各項目の割合（個人経営体）
出典：日本政策金融公庫「施設園芸（トマト）の規模と収益性に関する調査結果」

ら八〇〇〇㎡未満規模の経営体の売上高に占める農業所得率が最も高く、それ以上の規模になると、むしろ低下するとの結果が出ています（図2－17）。

畜産の経営体についても、一定規模以上になると生産現場の工夫・改善だけでは生産性は向上しないと聞きます。

これらのことから、規模拡大した経営体が、必ずしも経営を高度化させて生産性を高めているとは言えないという現実が見えてきます。

稲作など水田作の場合は、耕作する農地が分散したままでは、規模が拡大するほどに移動コストがかかるといった問題もあり、規模拡大した後の生産性向上のためには農地の集約化が必要です。また、圃場や水利施設などの農業基盤整備も重要です。これらのことは、国などの政策的支援を必要とするものです。

これに加えて全営農類型に通じる本質的な問題としては、農業経営の基本はやはり栽培や飼養といった生物を相手にした生産現場管理にあるので、**規模を拡大しても単位面積・頭数当たりの生産量・資材投入量の把握・管理が粗になれば、生産性向上につながらない**ということ、特に法人経営においては、**労務・工程管理やマーケティング・ブランディングを高度化していく必要がある**ということを、ここでは指摘しておきたいと思います。

農業の分野においては、ようやくこういった普通の経営論が議論できる段階に達し始めてきたところであり、だからこそ成長産業化の余地があるとも言えます。

■農業参入企業の明暗——参入前の業種で異なる課題

いまだに、農業は規制が多く、閉鎖的なので農業への参入が少なく、競争環境が乏しいといったことを言う人がいますが、この二〇年ほどの間に規制改革を重ね、今では制度上の規制は、食品安全上の規制や消費者への優良誤認を防止するための規制のほかは、優良農地（整備されたまとまった農地）が他の用途に転用されることを防止するための規制と、補助金をもらう上での条件としての規制くらいしか残されていません。実際に農業を行う立場にたってみると、制約ややりづらさがあると感じるケースは、地域において伝統的なやり方に固執する人たちが、新しい取組みをしようとする人の前に立ちはだかっているといった運用上の問題であることが多いのが実態です。

企業の農業参入も、農地を使わない農業類型であればもともと自由であり、農地を使う類型でも、二〇〇九年からは農地をリースするなどの方式で参入することが解禁されています。

このうち、農地のリース方式により参入した一般法人（農地を所有する権限を持たない法人）の数は、

表 2-3　農地のリース方式により参入した一般法人（農地所有適格法人以外の法人）

区分	2011年	2012年	2013年	2014年	2015年	2016年	2017年	2018年
農地のリース方式により参入した一般法人	1,052	1,426	1,734	2,029	2,344	2,676	3,030	3,286

単位：法人

各年 12 月末現在の数値。農地の所有は、農地法に規定された一定の要件（事業要件、構成員要件、役員要件）を満たした農地保有適格法人に限られているが、賃貸借など利用権を設定して農地を利用し営農することは、2009 年以降一般法人にも認められるようになっている。
出典：農林水産省経営局調べ

二〇〇九年の解禁以降増加し、二〇一八年には三二八六の法人が農業経営を行っています（表２－３）。

様々な経緯、目的で参入しているのですが、①食品製造業や小売業の企業が、これまで仕入れてきた農産物の供給元が高齢化して農産物供給の持続可能性に懸念を抱くようになったり、特色ある商品提供の一環として取り組んだりするケース、②高齢化などによってリタイアする農家の農地を、地域の土建業やガス・水道の事業者などが引き受けて営農するケースなどが多く、その他にも、障がい者雇用を図るために子会社を設立して参入したり、中山間地域の持続的な地域社会の維持のためといったＣＳＲ、ＳＤＧｓへの取組みとして参入するケース、ゴルフ場跡地など地方に発生した広大な空き地の活用などといったケースもあります。

食品と関係のない有名企業が農業に参入するとマスコミがよく取り上げますが、実際には、マスコミ受けした企業ほどさっさと農業から撤退しています。農業は生産性が低い産業なので競争が激しくなく、

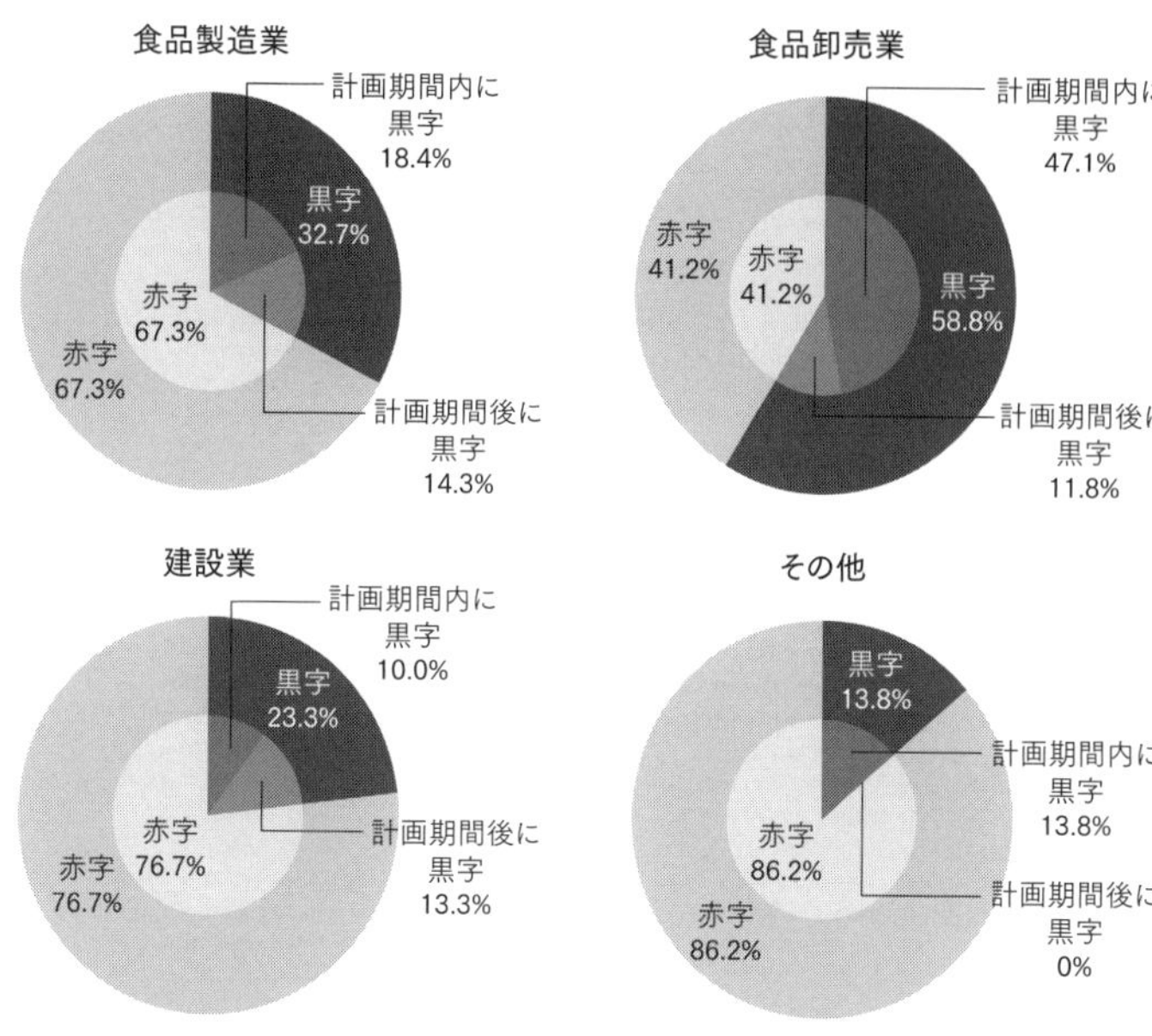

図 2-18　農業参入した企業の損益状況
出典：日本政策金融公庫「企業の農業参入に関する調査結果」

簡単に利益が出せるといった甘い見通しで参入してきたところも少なくないようでしたが、実際に参入した企業の農業経営の実態はどうでしょうか。

これについては、少し古いですが、二〇一二年に日本政策金融公庫が行ったアンケート調査くらいしかないので、この概要を紹介します（図2－18）。

この調査では、先ほどの企業参入の類型に応じて、食品製造業、食品卸売業、建設業、その他業種に分けて調査をしており、**食品製造業からの参入では三三%、食品卸売業では五九%が黒字を計上していますが、建設業では二三%、その他業種では一四%の黒字にとどまっています。**

さすがに農産物・食品の消費動向を把

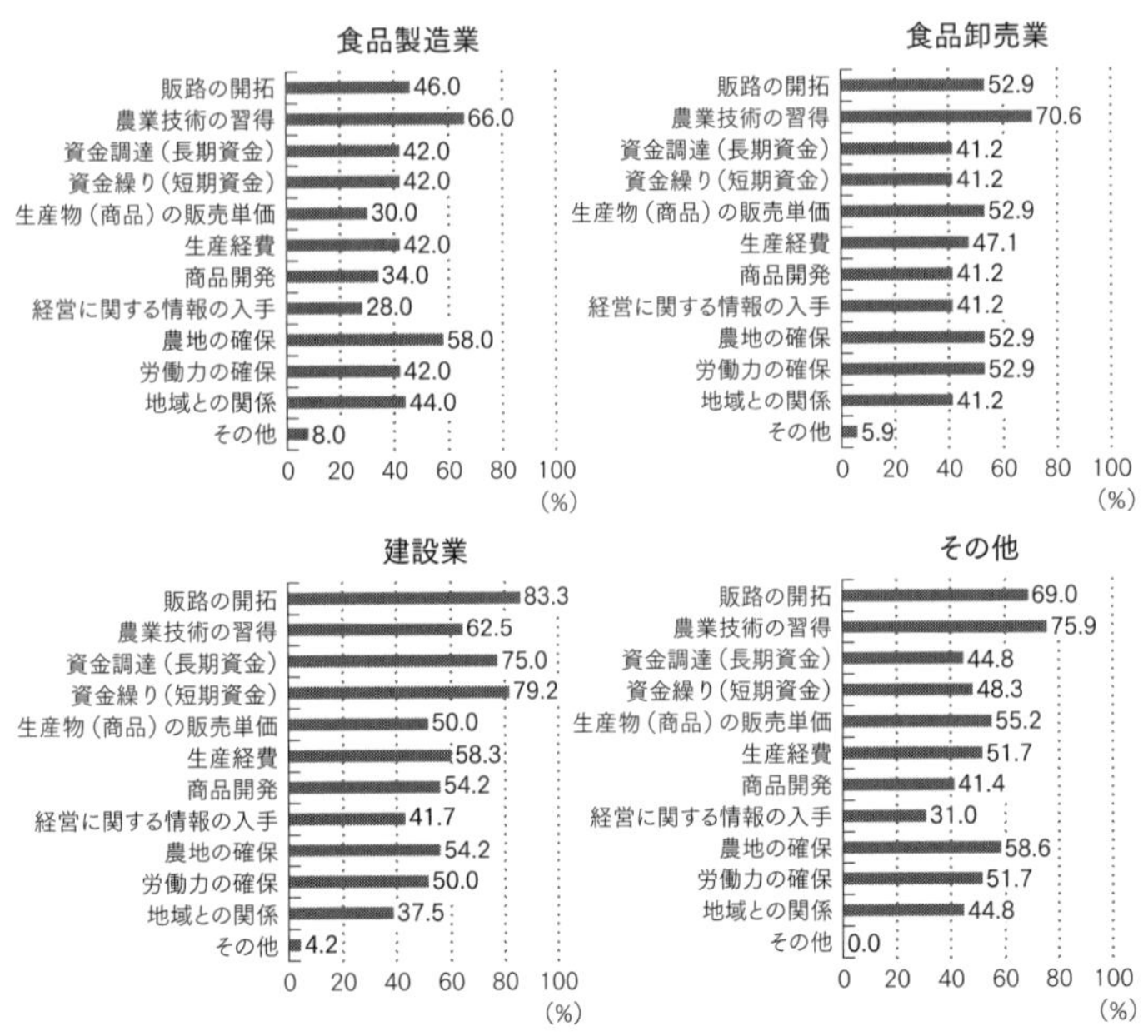

図 2-19　企業の農業参入時の課題
出典：日本政策金融公庫「企業の農業参入に関する調査結果」

握し、販路も持っており、比較的農業生産現場の実情にも通じている食品卸売業からの参入は事業としても成功しています。

食品製造業からの参入は、原料の確保が主たる目的ですので、加工・販売までトータルで経営戦略を考えて、農業部門は多少の赤字も織り込み済というケースも少なくないのかもしれません。ただ、思ったような価格や品質の農産物が確保できていないとの思いも強いようで、食品製造業からの参入の課題として最も多かったのは「農業技術の習得」でした（図2－19）。

また、建設業からの参入は、地域の農業生産の維持や地域雇用確保のための経営の多角化といった準公益的な目的であり、農業部門で多少の赤字が継続することは想定の範囲内かもしれません。建設業からの参入の課題として最も多かったのは「販路の開拓」であり、地元以外での販売に苦戦しているようです。

問題は、やはり食品や農業生産と直接的な関わりを持たないその他業種からの参入です。電子部品・機械等製造業、不動産業、化学工業などから参入した企業で、中には建設業と同様に地元の企業も含まれます。**その他業種からの参入の課題としては、「農業技術の習得」「販路の開拓」「生産コストの縮減」など多方面にわたり、**まだまだ農業を甘く見て参入する企業もあるようです。

■植物工場はほとんどが苦戦

最近よく話題になる植物工場はどうでしょうか。

マスコミの報道を見ていると、ハイテクを駆使し、気まぐれな天候に左右されない植物工場が、後継者難に苦しむ農業の救世主のような書き方をされていますが、まずそもそも現在の技術では人工光型の植物工場で実用化されているのは、リーフレタス（非結球レタス）などいわゆる葉物野菜に限られています。

確かに、電子部品・機器メーカーが子会社を作ったり、有力企業の資金提供の下でプラントを提供したりして少なくない数の企業が植物工場レタス市場に参入し、非結球レタス市場に占める植物工場産レタスの割合は年々上昇して二〇一九年には一五％近くにまでなっており、今後も急速に拡大していくとみられています。また、供給が安定しているので価格が変動しにくく、完全密閉なので農薬を使用せず、異物混入の可能性が極めて低いことから、生産現場に関心がなく無謬を求めるいわゆる「わがままな消費者」向

表 2-4　植物工場産レタスの占める割合

		2010	2011	2012	2013	2014
レタス全体	出荷量（t）	501,100	508,600	529,100	547,100	546,700
うち非結球レタス	出荷量（t）	46,615		55,030		65,911
植物工場産レタス	出荷量（t）		1,131	1,233	1,439	2,258
	非結球に占めるウエイト		2.4%	2.3%	2.6%	3.4%

		2015	2016	2017	2018	2019
レタス全体	出荷量（t）	537,700	555,200	542,300	553,200	545,600
うち非結球レタス	出荷量（t）		62,411		66,086	
植物工場産レタス	出荷量（t）	2,677	3,264	4,000	5,800	9,500
	非結球に占めるウエイト	4.1%	5.2%	6.4%	8.8%	14.4%

出典：レタス全体：作物統計より
非結球レタス：地域特産野菜生産状況調査（隔年情報）より

けには打ってつけの商品を提供できます（表２－４）。

しかしながら、黒字を計上しているのはごくわずかで、それも地元自治体の支援などによって格段に安く電力を調達できていたり、栽培コンサルティング料など他の収入と合算してなんとかやっとという状態であり、まだ**人工光型の植物工場の採算モデルは十分に確立されていないのが現状だと言えます。**

■生産技術・販路・コスト管理をトータルでみる

ここまで見てきたように、農業も規模拡大や他産業からの参入などによって、「家業」から「産業」に変わりつつある一方で、一定以上の規模となった後は、ただ単に規模拡大をしたり、企業が参画するだけでは生産性の向上、農業所得の向上につながらないということもわかってきました。

農業経営には様々な要素がありますが、基本は、

「経営コストの把握・管理」「生産技術の確保・向上」「販路の確保・開拓」です。これまで、ともすれば**農業・農政を専門とするサイドは「生産技術の確保・向上」に焦点が偏り、一方でそれ以外のサイドは生産技術の重要性を軽くみる傾向があった**ように思います。

最近は、このことが認識されるようになり、企業が農業に参入するに当たっては、農業経営に実績のある人を農場長にスカウトしたり、農業技術のアドバイザーを用意したりするようになる一方、農業経営体が、経営コストの把握・管理をしやすいようなソフト・アプリを導入して数字で経営を語れるようになってきつつありますが、今後農業をさらにホワイトな産業へ推し進めていくためには、農業経営をトータルでみることが必要になってきます。

4　よく指摘される農業の負の側面について
――農業従事者数の減少、耕作放棄地の増加

■農業従事者の四割は一〇年後までに高齢によりリタイアする

ここまで紹介してきたように、この一〇年ほどの間に、農業は急速にホワイト化に向かっており、実際、若者が農業を職業として主体的に選択するようになりつつありますが、一方で、農業従事者が急速に減少して農村はますます寂しくなってきており、耕作される農地も徐々に減少し、元農地だったところが茂み

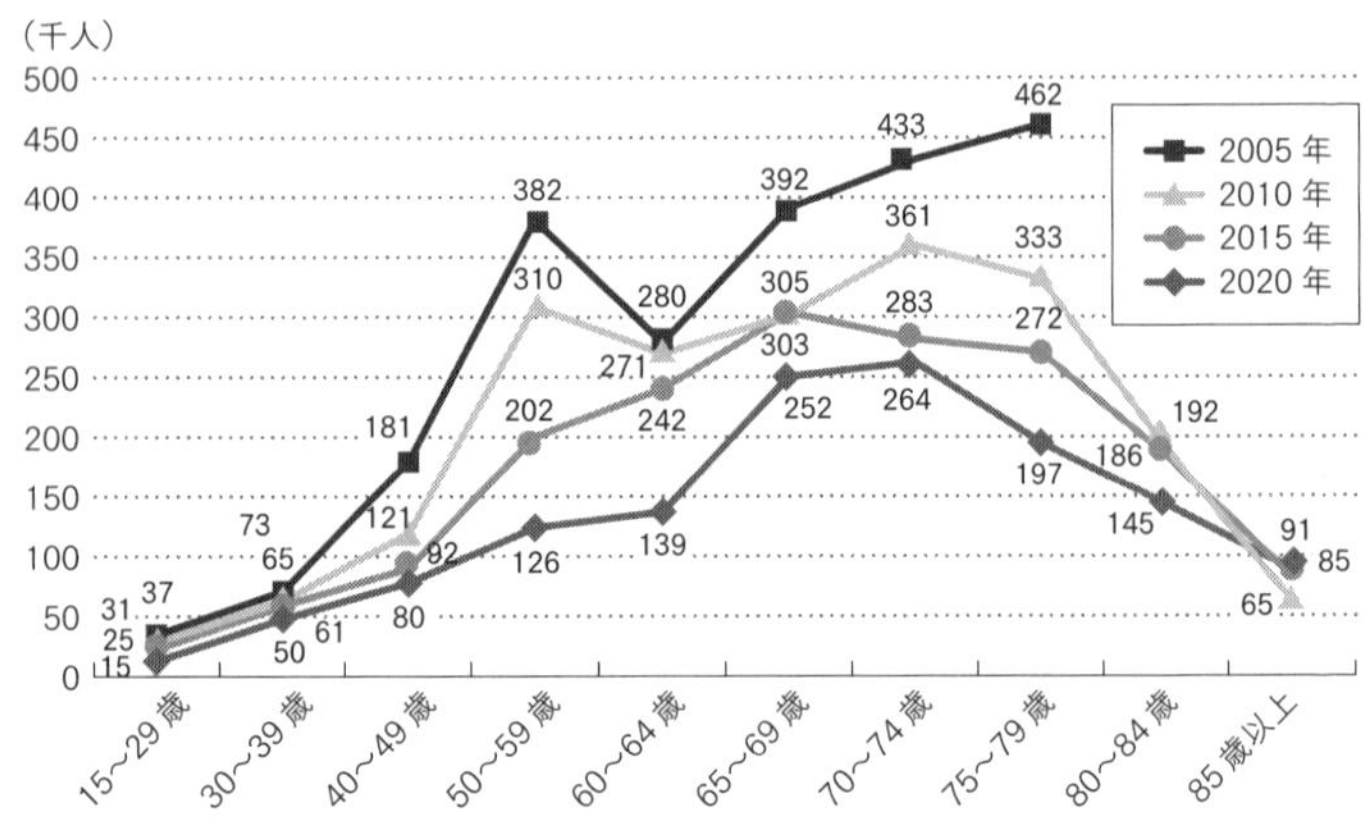

図 2-20　年齢別基幹的農業従事者数（個人経営体）の推移（全国）
出典：農林水産省「農林業センサス」

になってイノシシやシカなどの野生鳥獣が農作物を食い荒らすようになってきていることも事実です。

農業は比較的高齢でもできる仕事だと言われますが、それでも、農林業センサスによれば、二〇一〇年の「七〇歳から七四歳の農業従事者数」と二〇二〇年の「八〇歳から八四歳の農業従事者数」を比較すると半減しており、八〇代の方で一〇年後も農業に従事している方はさすがに極少数だと思われます（図2－20）。

そこで、現在七〇歳から七四歳の方の二分の一、七五歳から七九歳の方の四分の三、八〇歳以上の方全員が一〇年後までにリタイアすると仮定すると、**現在一三六万人いる農業従事者のうち約四割の五二万人が、高齢により一〇年後にはリタイアしていると推計**されます。高齢化の進んでいる富山県について試算すると、現在の農業従事者の五二％がリタイアという数字になります。

■農村地域の維持には雇用の創出が必要

この五二万人全体の農業所得を推計すると、副業経営体の平均農業所得が五〇万円弱で、せいぜい二〇〇〇～三〇〇〇億円程度で我が国農業全体の一〇％未満と思われ、生産性の向上で農業従事者の減少分は相当程度にカバーできると思いますが、農業以外の雇用を創出しなければ農村の人口が減少することは確かです。

農村地域に一定以上の人口が確保できなければ、日用品の購買や教育・医療など生活に必要なサービスの維持が困難になり、畦畔の草刈りや景観維持などムラの共同作業にも支障をきたしてみすぼらしく寂れた感じになってしまいます。そうならないためにも、農村地域に若者の雇用の場を創出することが不可欠です。

このことについて、地方創生のところで触れたとおり、その地域ならではの地理的条件や育成人材等の特別な条件がない限り外部地域から企業を誘致して雇用を創出することは難しくなっており、**農村地域に雇用を創出するためには、既存の地域資源活用型産業の生産性を向上させるか、農村起業・創業により新たな地域資源活用型産業を生み出すことが必要**です。

■農林漁業の付加価値は低下傾向

生産性の向上の手段としては、「コストの低減」と「付加価値の向上」がありますが、雇用を生むのは、付加価値の向上です。

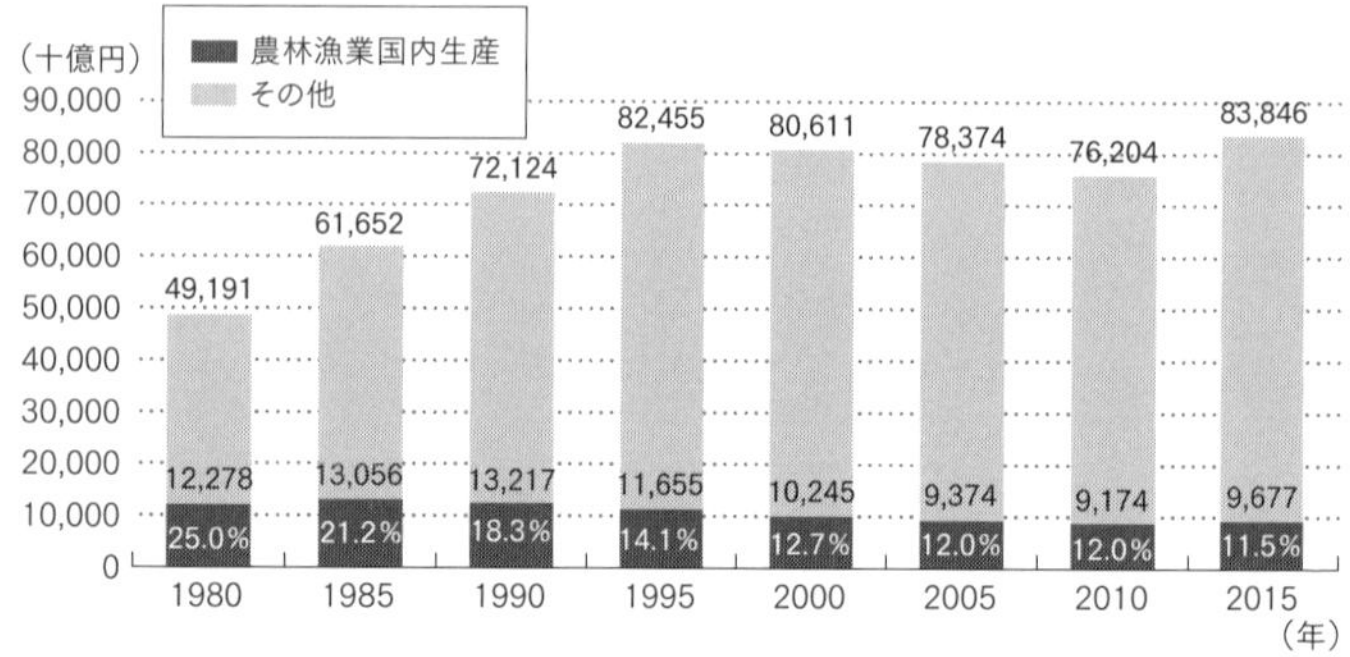

図 2-21　最終消費からみた飲食費の部門別の帰属額の推移
総務省等 10 府省庁「産業連関表」をもとに農林水産省で推計。
出典：農林水産省「農林漁業及び関連産業を中心とした産業連関表」

これまで農業においては副業的な経営体の割合が高く、そもそも「経営」の視点が希薄だったこともあり、付加価値を高める取組みは低調でした。付加価値を高めるには、消費者の食のニーズや好みの変化に対応して、新たな商品を開発したり食材の提供形態を変えたりすることが必要ですが、小売業、飲食業、食品製造業などの「食の川下産業」に比べて**農業などの「食の川上産業」の付加価値向上の取組みは遅れてきました**。

二〇二〇年公表の「農林漁業及び関連産業を中心とした産業連関表」によれば、国内の飲食費について、生産から最終消費の各段階のどの部門に付加価値が帰属しているかに関する経年の推移を見てみると、一九八〇年には飲食の最終消費四九兆円に対して農林漁業国内生産一二兆円で二五%を占めていたものが、二〇〇〇年には最終消費八一兆円、農林漁業国内生産一〇兆円の一三%、二〇一五年にはそれぞれ八四兆円、一〇兆円の一二%と低下しています（図2－21）。

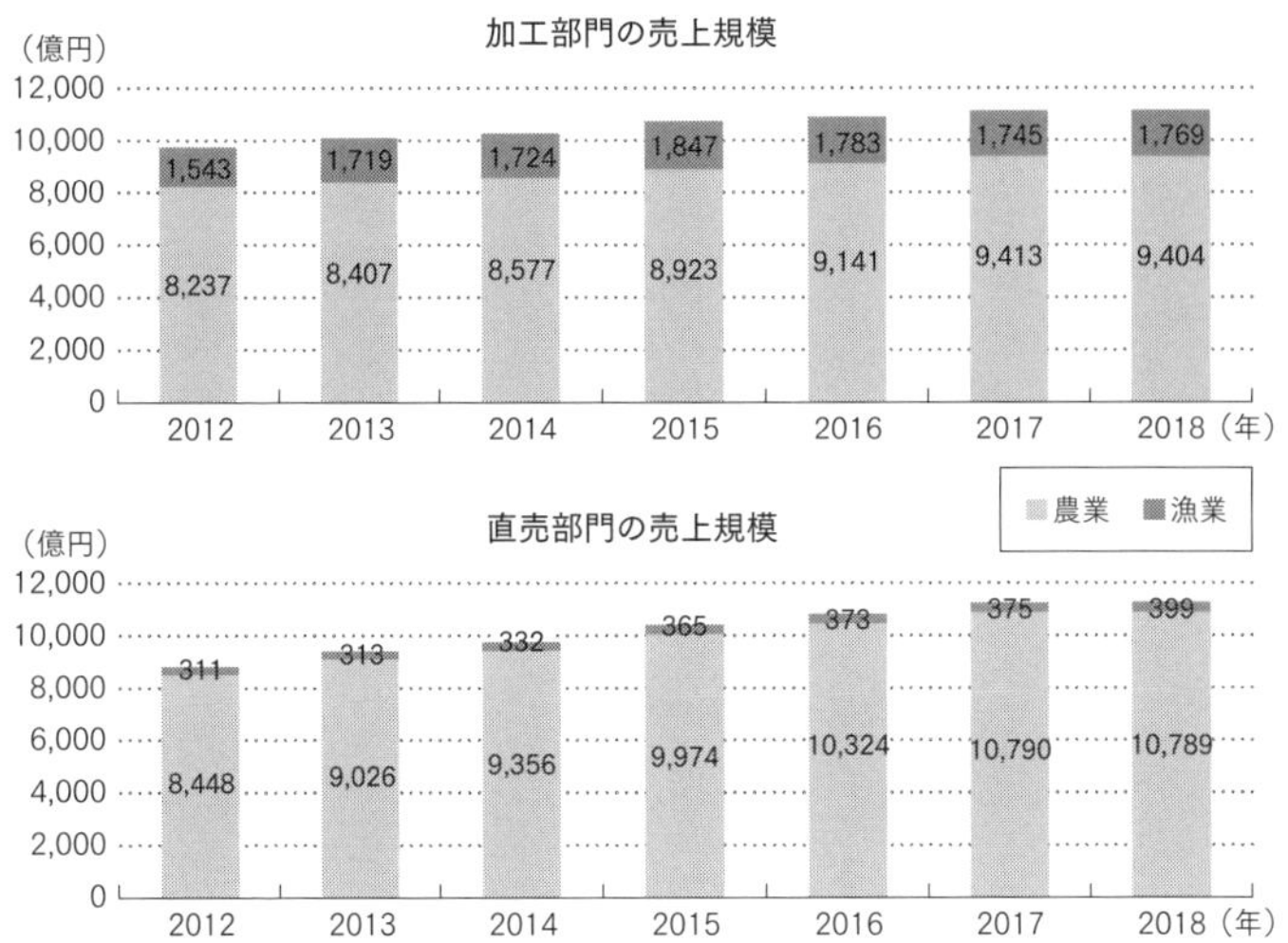

図2-22　6次産業化の市場規模
出典：農林水産省「平成30年度6次産業化総合調査」

「経営」の視点が農業においても根付けば、当然、農業サイドに付加価値を取り込もうとする動きが強まるでしょう。これが、農村の雇用創出の出発点になるのです。その取組みの代表例が、農業経営体が加工や販売、飲食・宿泊なども行う「六次産業化」です。

六次産業化の概念は、基本法制定前から提起されていましたが、二〇一〇年に「地域資源を活用した農林漁業者等による新事業の創出等及び地域の農林水産物の利用促進に関する法律」（六次産業化・地産地消法）が制定され、法律上にも位置づけられるようになり、その規模は年々増加し、二〇一八年には総販売金額は二・二兆円に達しています（図2－22）。

ただ、注意する必要があるのは、六次産業化のうちの直売部門の中には、かえって付加価値向上を妨げているケースがあることです。例えば、副業的経営は農業所得で生きているわけではないので、採算性を考慮せず、直売所で信じられないような安値で農産物を置いたりして、（消費者にはありがたいことかもしれませんが）主業経営体の付加価値向上の努力の足を引っ張っていることも珍しくありません。

■農村地域の資源活用型産業に新たな機運

農業経営体自らが多角化するのではなく、地域の商工業者と農業経営体が連携することにより地域産業に付加価値を落とす取組みを「農商工連携」と言いますが、これらを含めた「地域の六次産業化」は、もともとあった得意技を活かすものなので「狭義の六次産業化」よりも付加価値向上の成果を得やすいことから、地域ぐるみでこれに取り組むところも増えています。

農林水産業と並ぶ地方創生のもう一つの柱の観光産業も、文化行政が二〇一五年を境に文化財の保護から活用に転換したり、歴史的景観づくりに取り組む地域が増えたりする中で、地域の食文化・農村文化・収穫作業などのアクティビティや古民家の改修などで農業とも連携した取組みが広がっています。二〇一七年以降、**農村滞在型旅行（農泊）が重要政策**になっており、国が採択した農泊地域五一五地域を対象とした調査によれば、農泊の延べ宿泊者数は二〇一七年度五〇三万人が、二〇一九年度には五八九万人に増加しました。

これらは、ある意味、農村における地方企業の起業・第二創業の取組みとも言えます。

また、ここ数年、地域金融機関の間でも、地域の産業が衰退したら銀行自身も生きていけないといった考え方が強くなり、地域の企業に伴走型で支援する、いわゆる本業支援に力を入れるようになっています。地域支援部といった名称の組織を設けて地方創生に主体的に取り組む姿勢を見せる地方銀行が増え、中でも北海道や南九州では、アグリビジネスの専門組織を設けているところもあります。このような**地方にある地域金融機関の戦略的なターゲットが地域資源活用型産業**であり、地域商社を設立するなどによって、今後、多くの地域で積極的な関与が予想されます。

■若者の農村起業――農業中心の「半農半X」には稼げる農業経営が必要

最近の新しい動きとして、**優秀な若者の農山村での起業が各地で見られるようになってきています**。これには地域おこし協力隊の存在が大きく貢献しています。

これが人口減少の歯止めにまでつながった事例が、地方創生のところで触れた岡山県の西粟倉村などですが、実際、若い世代の、それも優秀な人たちの間では、社会に貢献したいというソーシャルな感覚を持った者が、我々昭和の世代よりも格段に増えていると感じられるところであり、昔のように都会が嫌になったから、都会の仕事が合わないからといったネガティブな動機ではなく、**ポジティブに農村に関わる機会を求めるようになってきている**と思います。このような、農村に活躍の場を求める若い世代が増えている現象を明治大学の小田切徳美教授は**「農村回帰」**と呼んでいます。

地域おこし協力隊の任期を終えて定住した人の仕事をみると、行政関係や団体への就業や農林水産業への就業と同じくらいの数の人が起業しています（表2－5）。やはり飲食・小売・宿泊業や、クラフトなどの美術家になった人が多く、培ってきた知識・技能を活かして観光コンテンツを含めた地域ブランドづくり支援やネットビジネスを始めた方もいますが、多くの方が複数の稼ぎ口を持って生計を立てているようです。

このような、第二期の地方創生総合戦略で提起された「ひと」起点のしごとの創出は、折しも新型コロナウイルス感染症の拡大に伴いリモートワークや副業が多くの人々に身近なものとなった今、一気に可能性が広がってきたと言えます。

こういう人たちの中には、何らかの形で農業と関わる「農あるくらし」を欲し、「半農半X」（農業を含めた複数の仕事で生計を立てるライフスタイル）の生活をしていることが少なくありませんが、「半農」の多くの場合は農業所得をそれほど勘定に入れない自給的農業です。

一方で、農業所得を稼ぎ口の柱の一つに据えようとするならば、やはり、生産性の高い農業経営体に雇用されるか、自らが主業経営体になるしかありません。

彼らは、若者が仕事を選択する三つの要素（所得、労働環境、やりがい）のうち「やりがい」は十分感じているはずなので、所得はそこそこでいいのかもしれませんが、**農業を中心とした「半農半X」のくらしを成り立たせるためにも、稼げる農業経営が地域にあることが必要**だと思います。

表 2-5　地域おこし協力隊の任期を終えて定住した者の主な仕事

就業状況	仕事	具体例	人数
起業	飲食サービス業	古民家カフェ、農家レストラン	151
	美術家（工芸を含む）	デザイナー、写真家、映像撮影者	110
	宿泊業	ゲストハウス、農家民宿	104
	六次産業	猪や鹿の食肉加工・販売	79
	小売業	パン屋、ピザ移動販売、農産物通信販売	73
	観光業	ツアー案内、日本文化体験	51
	まちづくり支援業	集落支援、地域ブランドづくり支援	42
事業承継	酒造・民宿等		11
就業	行政関係	自治体職員、議員、集落支援員	302
	観光業	旅行業、宿泊業	120
	農林漁業	農業法人、森林組合	86
	地域づくり・まちづくり支援業		74
	医療・福祉業		53
	小売業		46
	製造業		43
	教育業		36
	飲食業		33
就農等	農業		262
	林業		31
	畜産業		12
	漁業・水産業		4

（単位：人）

準備中・研修中を含む。
出典：総務省「令和元年地域おこし協力隊の定住状況等に関する調査結果」（2020 年 1 月）

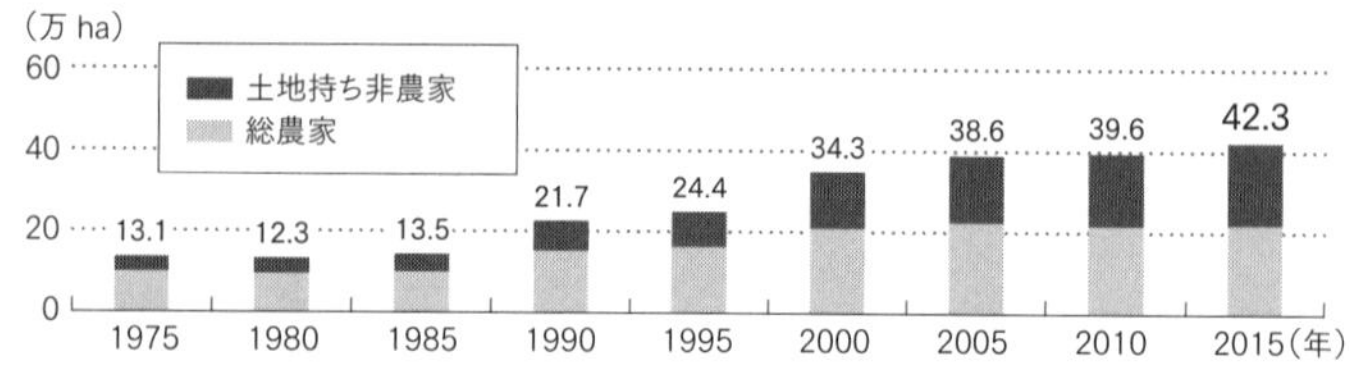

図 2-23　耕作放棄地面積の推移

以前耕作していた土地で、過去1年以上作物を作付けせず、この数年の間に再び作付けする意思のない土地を「耕作放棄地」といい、5a 以上の農地を所有している非農家世帯を「土地持ち非農家」という。近年、土地持ち非農家所有農地の中でも、不在村地主（住所をよそに移している農地所有者）が所有する農地が増加している。
出典：農林水産省「農林業センサス」

■耕作放棄地の拡大防止はホワイト化した農業経営体の確保から

農林業センサスによれば、耕作放棄地面積は一九九〇年以降増加し、二〇一五年には四二万haと農地面積の一割近くに達し、一四の都府県よりも広い面積となっており、農業の弱体化を示す根拠としてよく取り上げられます（図2－23）。

しかしながら、よく見てみると、増加しているのは「土地持ち非農家」の農地であり、それ以外はこの一五年間ではそれほど増えていません。また、土地持ち非農家の中でも特に不在村地主が所有する農地が耕作放棄地となるケースが増えているとされています。すなわち、多くの場合、耕作放棄している農地所有者に耕作しろといっても無理であり、その農地を引き受けて農業を行う意思のある農業経営体がいないと、耕作放棄は解消しないのです。

つまり、将来にわたって経営を続けられる力を持った農業経営体、すなわち**ホワイト化した農業経営体がその地域にいるかどうかが、耕作放棄地の増加を防ぐ重要なポイント**になってくるのです。

一方で、「このような農業経営体には、生産性を落とさないようにするために条件の悪い農地を引き受けないものもいる。採算割れしてでも農業を続ける人がいるから条件不利地域の農地が守られている」との見方もあります。

この見方自体は間違っていないと思いますが、採算割れしても続ける農業者が今後どれだけ存続できるかとか、耕作放棄地に係る上記のような現実を直視し、国全体が本格的な人口減少社会に突入した事実を踏まえれば、将来にわたって地域の農業・農地を守る上で優先順位が高いのは、「優良農地」を耕作放棄地にしないことではないでしょうか。

優良農地とは、農業経営を行う上で必要な土・水などの基盤整備がなされ、ある程度まとまった面積が確保されている一連の農地のことであり、多くの場合、基盤整備のため国民の税金が投入されています。最近では農地面積の狭い中山間地域でも基盤整備がしやすいように制度が充実されてきており、条件不利な農地であっても優良農地にしやすくなってきていますし、二〇〇〇年から始まり、二〇一四年には法制度化された、条件不利地域の農家に生産性の格差分を補助する中山間直接支払いにより、将来にわたって農業を維持していきたいという意思を明確に示している地域では、農地を守っていけるよう国も支援をしています。

なお、そんな費用対効果の悪い農地に国費を投入するのは非効率でムダだと言う人がいる一方で、将来までの営農継続の意思を示さなくても、今採算割れしてでも頑張って農業をやっている人を支援して耕作放棄化を食い止めるべきだと言う人もいますが、私は、地域の住民が将来にわたって守るべきだと考える農地において、農業が持続的に継続・発展していくにはどうあるべきかという視点で捉えることが重要だと考えています。

5　事業承継の実態

■認定農業者でも三割しか後継者が決まっていない

今後一〇年間で現在の農業従事者の四割が高齢によりリタイアする見通しであること、リタイアする方の数にはまったく及ばない数とはいえ農家出身者以外の増加により若者の就農が一時より増加していることはお示ししましたが、今後農業経営をやめる方と次世代の農業経営を担う方とはうまくつながっているのでしょうか。

地方創生が政府の重要政策課題に挙がるのとほぼ同時に、中小企業の事業承継も重要な課題としてクローズアップされるようになってきましたが、農業においてはもう何十年も昔から「後継者問題」が大きな課題となってきました。

農林水産省が二〇一八年に行った、認定農業者を対象とした調査によれば、「後継者が決まっているか否か」の問に対して、「決まっている」と回答したのは三四%で、六六%が「決まっていない」と回答しています。

認定農業者とは、経営改善に取り組む意欲と能力のある農業経営体のことで、今後とも自給的農家のままでいようとする人などは含まれておらず、全農業経営体の四分の一程度である約二五万経営体の、いわばエリート経営体であるにもかかわらず、この数字であり、全経営体を対象としたら、九割近くの経営体において後継者が決まっていないのではないかと推計されます。これをもって、農業はやはり後継者難だとか、事業承継がうまくいっていないとレッテルを貼られています。

■経営改善のための投資をする農業経営体には後継者がいる

しかしながら、認定農業者の中にも副業的な経営体が含まれていますし、高齢者しか従事していない経営体が多数あるなど、これが必ずしも将来にわたって地域の農業を担う経営体かといえば、もともとそうではない実態があります。

これに対して、日本政策金融公庫が同じ二〇一八年に行った、公庫資金（セーフティネット資金などは除く）の利用者を対象とした調査によれば、「事業を承継する後継者は誰か」との問に対して、「後継者候補あり」が六三%、残りも、「時期尚早」が七%、「現時点では何も考えていない」が二〇%であり、「承継する候補者がいない（探している）」は八%にすぎませんでした（図2－24）。

質問内容が異なるので単純に比較はできませんが、**公庫資金の利用者は、自らの農業経営を主体的に改善しようとして投資を行っている経営体であり、このような経営体では他産業と遜色ない程度に後継者が**

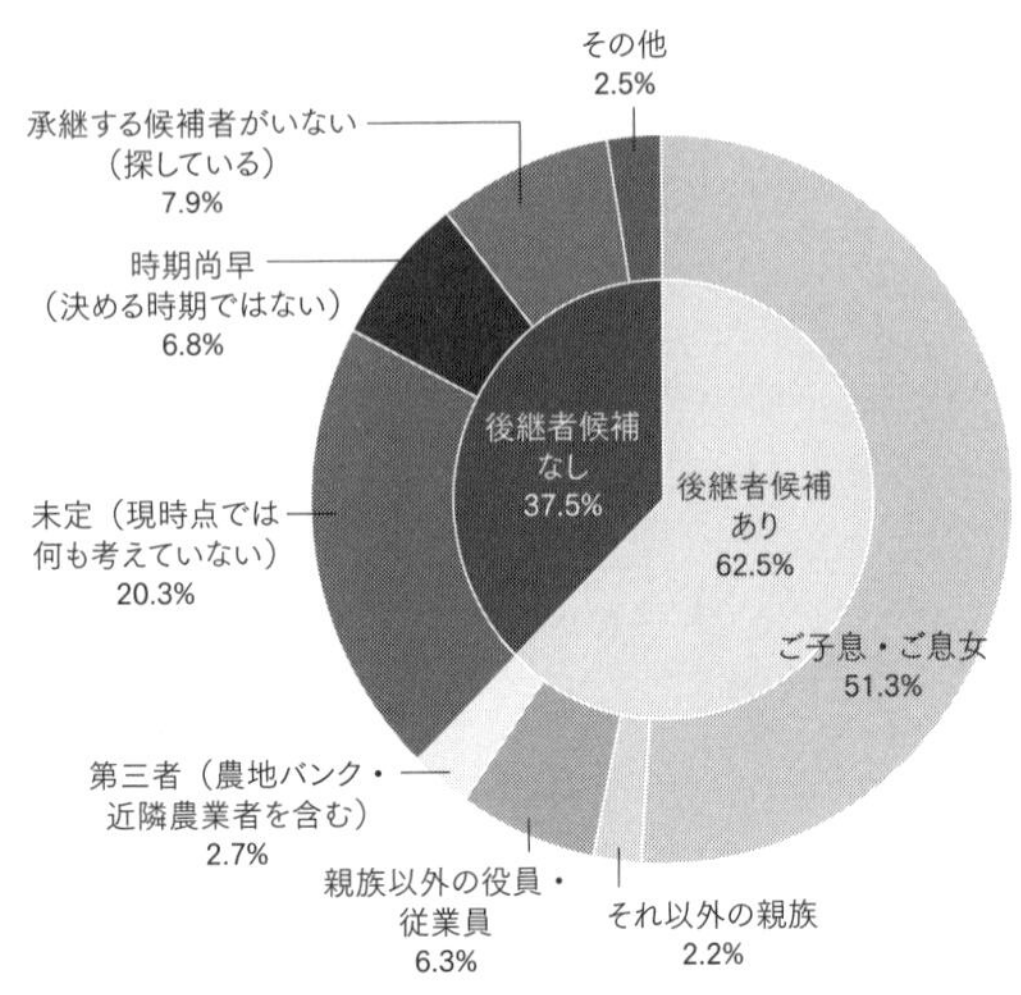

図2-24　後継者（候補）の有無
出典：日本政策金融公庫「農業景況調査」

確保できていると考えられます。

なお、六三％の「後継者候補あり」の内訳をみると、「ご子息・ご息女」「それ以外の親族」が計五四％、「親族以外の役員・従業員」六％、「第三者」三％となっており、やはり親族間承継が多いものの、法人経営体の場合には選択肢が広がることがわかります。

また、全経営体では九割に後継者がいないのであれば、農業が将来にわたって持続的に発展していくためには、そういう経営体こそ第三者承継が必要となります。特に**国民の税金を投入して整備した農地や施設などの経営資源をムダに放置しておくことは許されず、第三者への経営資源の承継は極めて重要な課題**と言えます。

■農業労働力不足への対処もホワイト化から

郵 便 は が き

料金受取人払郵便

晴海局承認

7422

差出有効期間
2024年 8月
1日まで

104 8782

905

東京都中央区築地7-4-4-201

築地書館 読書カード係 行

お名前	年齢	性別	男・女
ご住所 〒			
電話番号			
ご職業（お勤め先）			

購入申込書

このはがきは、当社書籍の注文書としてもお使いいただけます。

ご注文される書名	冊数

ご指定書店名　ご自宅への直送（発送料300円）をご希望の方は記入しないでください。

tel

読者カード

ご愛読ありがとうございます。本カードを小社の企画の参考にさせていただきたく存じます。ご感想は、匿名にて公表させていただく場合がございます。また、小社より新刊案内などを送らせていただくことがあります。個人情報につきましては、適切に管理し第三者への提供はいたしません。ご協力ありがとうございました。

ご購入された書籍をご記入ください。

本書を何で最初にお知りになりましたか？
□書店　□新聞・雑誌（　　　　）□テレビ・ラジオ（　　　　　　）
□インターネットの検索で（　　　　　）□人から（口コミ・ネット）
□（　　　　　　）の書評を読んで　□その他（　　　　　　　　）

ご購入の動機（複数回答可）
□テーマに関心があった　□内容、構成が良さそうだった
□著者　□表紙が気に入った　□その他（　　　　　　　　　）

今、いちばん関心のあることを教えてください。

最近、購入された書籍を教えてください。

本書のご感想、読みたいテーマ、今後の出版物へのご希望など

□総合図書目録（無料）の送付を希望する方はチェックして下さい。
＊新刊情報などが届くメールマガジンの申し込みは小社ホームページ（http://www.tsukiji-shokan.co.jp）にて

事業承継、後継者の問題と混同されやすいのが、農業労働力不足の問題です。両者は、個人経営体が大多数を占める農業においては重なり合う部分も多いのですが、前者は農業経営、経営体の問題であり、後者は経営の一つの要素である労働力の問題です。

二〇世紀には、農村には、普段は農業に携わっていないけれども農繁期には臨時の労働力になるという人がたくさんいました。しかし、地方創生のところで触れたように、農村の兼業機会が大幅に減少し、人口減少・高齢化が進む中で、三大都市圏や政令指定都市の近隣エリアなど一部の地域を除いて、農村では季節限定の臨時雇用を集めにくくなっています。こういったことを背景に外国人技能実習生が増加しており、また、「一億総活躍社会」の動きとも相まって障がいのある方の農業への参入を進める「農福連携」が注目され始めています。

技能実習生の導入については、以前は安い労働力を求めてという理由が主でしたが、今日では近隣諸国の発展とともに人件費が上昇し、採用のための準備費用や入国後の管理費用なども加味すれば、日本人労働者を雇用するのとそれほどコストが変わらなくなっています。その中で技能実習生を雇用する農業経営者にその理由を聞くと、高い安いではなく、とにかく労働力が必要だから、と言います。さらには、SNSなどを通じて、技能実習生の間で情報交換が容易になっており、劣悪な労働環境の農業経営体では実習生が定着しない事態にもなっています。

「農福連携」においても、障がい者を安い労働力とみて取り組もうとしているところはことごとく失敗しており、障がい者それぞれの個性、特徴を活かした活躍の場を提供できている農業経営体では、素晴らしい成果が上がっています。

また、農業を目指す若者は、雇用就農された方も含めてほとんどの場合、将来は農業経営に携わりたいと考えて就農しています。したがって、例外的な場合を除いて臨時雇用はお断りです。

つまり、特に大都市から離れた農村地域では、結局はホワイト化した農業経営体でないと、労働力不足の問題にも対処できなくなっているのです。

6　ホワイト化視点からみた現在の農業の実態のまとめ

■ありがとうの声が聞こえる産業に

本章では、ホワイト化視点からみた現在の農業の実態について、簡単に入手できるデータをもとに、主に農業所得の現状を中心に、労働時間・労働生産性にも若干触れてみてきました。

二〇一〇年頃をボトムに、①主業経営体の農業所得が改善していること、②法人経営体の増加による農外出身者の雇用の受け皿の拡大や国の新規就農者支援施策によって、若い世代の就農が増えつつあること、③結果として農業の産業規模も回復していること、そして、④農村地域における農業及び関連産業の雇用の維持・拡大のためにも、耕作放棄地の拡大防止のためにも、地域においてホワイト化した農業経営体の存在が必要なこと、⑤後継者や労働力の確保のためにも農業経営体のホワイト化が不可欠であること、などがわかっていただけたと思います。

労働時間・全要素生産性のデータがあれば、もう少し説得力ある説明ができたかもしれませんし、ホワイト化した経営体の分布とその地域の農業生産額、若い就業者や後継者の数、耕作放棄地の増加等との相関の実証的検証も必要ですが、主業経営体・法人経営体と副業的な経営体との生産性の格差は今でも大きい上、さらにどんどん開いているのは確実で、上記のことは一〇年後には誰の目にも明らかになってくると思います。

今後一〇年間は、「自分の代まで」と考えている農業者の農地等の経営資源を放置させず、地域のホワイト化した農業経営体などに円滑に継承させていくことが最重要課題とも言えます。

ホワイト化には、実は「仕事のやりがい」というもう一つの要素があります。

就職先を選択する際に重視する要素として、賃金を含めた労働条件等の他に「仕事のやりがい」があり、そのポイントは、「他者からの承認（人の役に立っている、カッコいいなど）」「成長している実感」「仕事の内容に対する正当な評価」だと言われます。

近年スーパーマーケット内に「農家の台所」を展開して業績を伸ばし、農業者の所得向上に貢献している株式会社農業総合研究所の及川智正会長ＣＥＯは、その事業発足の動機を、「農業は本来社会的意義があって、やればやるほど奥深い産業だが、丹精込めて作って市場に出しても、ありがとうの声が聞こえない産業になっている。消費者のありがとうの声を農家に届けたい」という思いであったと話してくれました。

農業のやりがいは、栽培・飼養すること自体にあることも確かですが、**消費者の「ありがとうの声」が聞こえることによって、若い世代によりやりがいを感じてもらえるようになる**でしょう。

そのためには、自分の作った農産物を消費者がどう評価するかを把握する意思と手段を持つことが必要であり、六次産業化の意義は、売上拡大よりもむしろここにあると言う人もいます。そして、農業総合研究所のような、農業者に消費者のありがとうの声を届けるビジネスがこの一〇年ほどの間に急速に拡大しています。

■農業の実態のポジティブな側面にも光を

このように、この一〇年ほどの間で、農業現場は急速に変わりつつあり、次の章では農業経営体の具体的な取組みについていくつかを紹介したいと思いますが、一方で、「はじめに」で書いたとおり、**農業のイメージは相変わらず一昔前以前の、ネガティブなままなのはなぜでしょうか。その最大の原因は、農業サイド自身がマイナスイメージを出し続けていること**、そして、農業産出額ではもはや少数派になっている副業的な農家が、数の上では今なお多数派であり、その多くがネガティブな発信をしていることにあり、こういうことを受けて、マスコミも農業と言えば「お年寄りが貧しいながらもふるさとを頑張って守っている」とのイメージをステレオタイプに発信しているからだと思います。

いまだに、「農業は儲からないからやめろ」とか、「地方にいるより東京に行った方がいい暮らしができる」とか子供に言っている人が農業・農村関係者にたくさんいますが、身内からこんな言葉を耳にタコができるほど聞かされていれば、若者が農業・農村を嫌になるのは当然でしょう。

前述した高校生の島留学で有名な海士町に二〇一五年に訪問した際に、海士町出身の高校生から「海士町はまったく魅力のないところだと思っていたが、島外から留学してきた同級生から、こんないい場所を廃れさせたらもったいないよ、と言われ、改めて島で農漁業やサービス業を営んでいる人に注目してみると、魅力ある生活をし、この人たちのおかげで美しいまちが守られてきたことに気づいた」といった旨の話を聞きました。

最近では徐々に改善が図られてきつつありますが、農業サイドから、しっかりと現実を捉えた情報を、**ポジティブな側面にも光を当てて発信することで、農業を目指す若い人がもっと増え、「農業の持続的な発展」につながってくる**と思います。

第3章　ホワイト化のための農業現場の具体の取組み

ホワイト化のためには、付加価値の向上と生産コスト削減により生産性の向上を図り、従事者の働きやすい環境を整備し、若者が入ってきやすい環境を整えていくことが必要です。

付加価値の向上のためには、他との差別化を図るブランド化、食の外部化や簡便化志向の高まり、コト消費といった需要動向への対応（供給の安定化・複数販路の確保・情報発信）、海外市場など新たな需要の開拓などが考えられます。

コスト削減のためには、まず財務分析による営農類型ごとのコスト構造を把握した上で、営農類型に応じて、設備・機械等の減価償却費、肥料・飼料・農薬等の材料費、労務人件費、燃料動力費を、最新の技術を活用しながら縮減していくことが考えられます。

また、女性や若者が生き生きと活躍できる環境も重要です。

本章では、農業のホワイト化のための現場の具体の取組みを、これらの切り口から、実際にお話を伺った方々の取組みを交えて紹介したいと思います。

1　付加価値の向上のための取組み

■ブランド化、安定供給、変化対応、需要創造のための六次産業化

フードサプライチェーン全体の中で、最上流の農業部門の付加価値の割合が低下していることは前章で解説しましたが、その原因を考えると、①グローバル化、所得・消費の二極化等により、あらゆる分野においてコモディティ化した商品は価格が低迷していること、②食の外部化が進む中、加工・外食に求められる品質・価格の農産物の供給力が低下していること（特に、農産物は収穫期の集中や豊作凶作の変動が激しい一方で、グローバル化・食の外部化に伴って消費は季節変動が減少し、質・量とも安定出荷が求められ、需給にギャップが生じやすくなっていること）、③消費生活の成熟化、情報化の進展等によりあらゆる分野で商品ライフスパンが短くなっている中で食品のニーズ変化も早くなっていること、④農業サイドから需要を創造しようという発想が弱かったことなどが挙げられます。

こういった課題の解決策として進められているのが農業の六次産業化です。

六次産業化の先駆者としてしばしば取り上げられるのが山口県山口市の有限会社船方総合農場です。経営形態は酪農を中心とした複合経営で、母牛二〇〇頭という規模自体は法人経営としては大きな方ではありませんが、バーベキューレストランの運営、ソーセージやアイスクリームなどの製造販売を行い、丘陵の広々とした地形を活かした、まさに自然のテーマパークといった趣の牧場です。残念ながら、六次産業化のカリスマと言われた先代の坂本多旦さんは二〇二〇年にお亡くなりになりましたが、その跡を継ぐ子供たちが協力して、立ち止まることなくテーマパークの質を向上させる取組みを継続しており、私が訪問した際にも、いろいろなアイデアや夢を語ってくれました。

六次産業化の取組みは、食やあそびを通じて農業と日頃関係のない子供たちに農業との接点を提供する役割も果たすことができます。船方農場が最も重視しているお客様は地元阿東町の子供たちだと話していたのが印象的でした。

■ブランド化1　本質は差別化（除外と差の訴求）

グローバル化と情報化が進んで、多くの消費財が他との代替可能なコモディティ商品となり、消費財を供給する企業は、いかに自社製品をブランド化して消費者に高く買ってもらうかに全力を上げるようになりました。

本当に他にはまねのできないような品質のよいものでなければ、そもそも「ブランド」として出せないし、一時はごまかせても長続きはしません。この意味でブランド化について書くならば「品質の確保、維持・向上」は先頭に来るポイントであることは間違いありません。

よく言われるように、日本の果物や野菜は生で食べてもおいしいし、炊飯したおコメは冷えてもおいしいし、和牛はとろけるような舌ざわりと深いうまみがあり、こういった品質は世界中から評価されています。また、各地に風土にあった特産品があり、おいしい農産物、畜産物を作ることができる名人がいらっしゃいます。特に、国が生産・流通をコントロールしていた食糧管理制度の廃止の過程におけるコメの産地間競争への対応や、牛肉・柑橘(かんきつ)をはじめとした輸入自由化に対抗するための外国産農畜産物との差別化戦略として、国、都道府県を挙げて品質の向上に取り組んできました。したがって、日本中のそこここに、品質の良い農産物・畜産物があるといってもよいでしょう。

ただ、その高い品質を「ブランド化」につなげ、付加価値の向上に結び付けてこられたのはほんの一部だったというのが現実だと思います。

ブランド化とは、他との差別化やお客様の信頼を得ることであり、農業においても、おいしいおコメの代表として「魚沼産コシヒカリ」などはよく知られています。

しかしながら、各地でおいしいおコメが開発され、一部の「通」でもなければ、違いがわからない状況になっています。和牛も各地に銘柄牛があります。**ブランド化とは、「差別化すること」、すなわち「そうでないものを除外すること」「差を訴求すること」が本質**であり、食生活が豊かになり消費社会が成熟した昭和末期以降、ムラの平等を重視する農業の世界では、手間ヒマ・コストをかけたわりには、ブランド化の成果が上がらなかったのかもしれません。

国でも二〇一四年から地理的表示制度を導入し、地域農産物のブランド化を後押ししていますが、これ

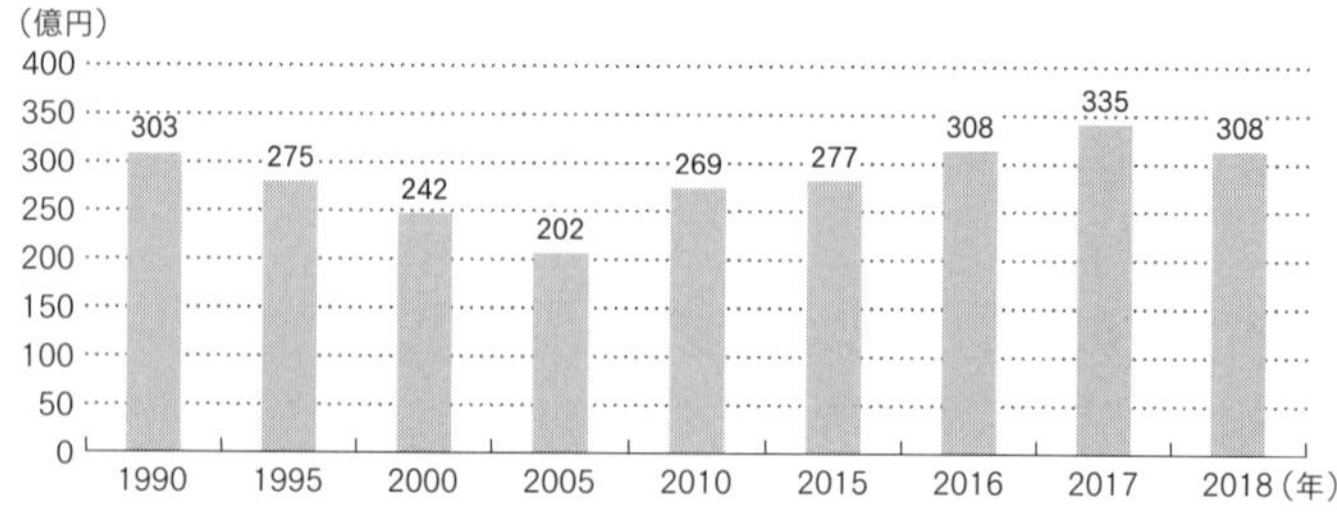

図3-1　和歌山県みかん産出額の推移
出典：農林水産省「生産農業所得統計」

が単価の向上につながっている例はそれほど多くないようです。

　私が直接に見聞した中で地域農産物のブランド化に成功したのは和歌山県の有田（ありだ）みかんです。

　有田みかんと言えば、江戸時代から紀州の名産品として長い歴史を持ち、和歌山県は日本一のみかん生産県を数十年も維持していましたが、一九九〇年代以降、他産地に比べて価格が上がらず、みかん産出額も低下の一途をたどっていました。そこで、二〇〇六年に地域団体商標を取得したり、多機能センサー選果機を導入するなどのブランド戦略を開始しましたが、まだ他の有力産地と比べて単価が低い傾向にありました。その原因を有田市の若手みかん農家が県や市とともに分析したところ、本当においしいみかんも、甘みが少ないみかんもいっしょくたに「有田みかん」の「ブランド」で出荷されており（もちろん品質等級は付けていましたが）、いいみかんも「有田みかん」の市場評価の低さに引きずられて価格が低迷していたということに気づきました。

　そこで、二〇一〇年代になってから、本当においしいみかんをＡＱ（アリダ・クオリティ）として選別し、そうでないみかんとは名称も販売戦略も別ものにしました。その結果、ＡＱ品の単価が上がったことはもちろん、全体の平均単価も上がり、和歌山県のみかん産出額が大幅に増加しました（図３－１）。

■ブランド化２　高級イメージ確保（パッケージデザイン）

奈良県の五條市西吉野は全国的にみても屈指、関西では断トツの柿の産地で、大消費地に近いこと、官民挙げた品質向上の努力に加えて基盤整備による作業効率化もあって優良な農業経営体が多く、後継者も確保されています。株式会社堀内果実園は、そういった基盤の上に、「西吉野＝柿」のイメージを多くの人に定着させ、最終的には人を生産地に呼び込み、西吉野の柿産業を将来にわたって発展させたいと考え、ドライフルーツの開発など果物をおいしく食べてもらうための様々な工夫を凝らしてきました。

ただ、果実加工品は山ほどあり、店先に並べただけでは売れません。そこで、小売りの現場を観察してみると、お客様に手に取ってもらえるだけでなく、むしろ高価格で販売できている商品があることに気づきました。違いはパッケージデザインでした。ここから、高品質なイメージを保ちながら販路を拡大するブランディング戦略が始まりました。その後も、二〇一七年に奈良市の観光メインストリートにカフェを開設したのを皮切りに、大阪市梅田の複合商業施設・グランフロントなどにも自社店舗を開設しています。

長崎県の島原半島は有名なそうめんの産地ですが、南島原市の株式会社雲仙きのこ本舗は、二〇〇〇年に自社のきのこを具材に使った、お湯をかけて三分で食べられる即席にゅうめん「養々麺」を開発・発売し、それ以来きのこを素材とした製品を世に出して地域雇用の拡大に貢献しています。設備投資や業務オペレーションでは徹底したコスト削減に取り組んでいる同社ですが、勝負をかけた養々麺を発売する際には、それまでは無料で印刷業者に任せてきたパッケージデザインを、プロのデザイナーに依頼して作成しました。その後の製品群も統一感のとれたデザインで、雲仙きのこ本舗の商品イメージを確立しています。

六次産業化の進展とともに、商談会などの場を利用して自らの産品を売り込もうとする農業経営体が増えていますが、その際にバイヤーからしばしば指摘されるのが「その商品を店頭に並べたとき、消費者に手に取ってもらえるか」ということです。そういう経験をした農業者がパッケージデザインの重要性に気づき始めており、最近では地域農産物のパッケージデザインを専門とするコンサルタントやベンチャー企業も現れています。

北海道十勝発の株式会社ファームステッドもその一つです。同社は、「地方には本当にすばらしい産品があるが、その価値をうまく発信できていない」と考えて起業し、いまでは全国に多くの顧客を抱えるようになっています。「デザインを考えるとき、それぞれの農場のアイデンティティを農業経営体と一緒に考えることが最も重要だ。その結果、売上げの向上につながることも大事だが、同様に生産者のモチベーションが上がる効果もある」との話に目から鱗が落ちた気がしました。

■ブランド化3　農村にお客様を呼び込む（観光農園、農家レストラン、農泊）

直接販売、加工と並ぶ古くからの六次産業化の取組みとして、お客様に果物の収穫をしてもらう観光果樹園や、牧場併設の加工場で作る畜産物・乳製品を提供する観光牧場などの観光農園があります。

ただ、これも昭和の時代までは、果樹であれば収穫・選別作業の軽減が主目的であり、お客様に、エンターテイメントとして楽しんでいただくとか、そこならではのおいしい食べ物を広々とした空間で味わうため、わざわざ足を運んでもらう仕組みを作ることで付加価値を高めようという発想はほとんどなかったと思います。

農のふれあい交流経営者協会（旧全国観光農業経営者会議）会長で、観光果樹園のカリスマと呼ばれる平田真一さんが経営する広島県三次（みよし）市の有限会社平田観光農園は、観光果樹園にエンターテイメント性を見出して、昭和の終わり頃から、年間を通じたフルーツパークとしてお客さんに来ていただこうと、もともと栽培していたリンゴ、ブドウに加えて周年収穫できるように新しい作物を次々と植栽し、今では一五種一五〇品目以上もの果物を栽培しています。幾度かの失敗も繰り返しながらも、バーベキューや、農園でしか食べられないオリジナルメニューのカフェやデリなどを提供しています。

中国山地の山あいにある鳥取県八頭（やず）町の有限会社ひよこカンパニーは、平飼いによる高品質な採卵鶏事業を行っていた大江ノ郷自然牧場の卵に付加価値を付けるため、スイーツ店、パンケーキのカフェ、農家レストランを開設したところ、そのおいしさが評判を呼び、鳥取県内はもとより、兵庫県、岡山県などからもお客様に来ていただけるようになりました（実際、私が訪ねた際も、レストランに駐車している車の過半数が県外ナンバーでした）。また、その味を忘れられないお客様が、通信販売の上得意客となり、通販売上げも伸ばしていきました。さらに二〇一九年夏には廃校となった小学校を改修したホテルを開設し、鳥取の里山ならではの食と体験を提供する農泊事業を始めました。コロナ禍により宿泊や人が集まるレストランなどは苦境に陥りましたが、ひよこカンパニーのブランドが確立されていたこともあり、通信販売の売上げの増加がレストランなどの売上げの減少をカバーしているようです。

地方創生施策の開始以降、地域資源を活用して域外から人を呼ぶ事業を行う取組みに対しては、県や市町村も連携する傾向が強くなっています。ひよこカンパニーの農泊事業には鳥取県や八頭町、関係事業者も連携しています。この他、例えば栃木県小山(おやま)市の株式会社いちごの里ファームの観光農園も、県内の観光施設と連携して観光ツアーを実施してお客様の足の確保に協力してもらっているとのことです。

山形県天童市の株式会社やまがたさくらんぼファーム（王将果樹園）も、さくらんぼを中心に、雪のシーズン以外の五月から一一月まで途切れず果物の収穫を楽しめる取組みを進めてきましたが、さらにセレクトショップやカフェを開設し、リピーターを増やしています。とりわけカフェで提供するフルーツパフェの質は都内一流店と遜色なく、中の果物はびっくりするほどの量と評判です。ここも、二〇二〇年のコロナ禍で、特にさくらんぼ収穫期の五、六月に緊急事態宣言が出されたこともあり観光農園は壊滅的ダメージを受けましたが、これまで観光農園に来てくれたお客様がさくらんぼや加工品を注文してくれて、苦境を乗り越えたそうです。収穫作業は、仕事が減った地域の旅行業・宿泊業関係の方に手伝ってもらったということであり、ここでも六次産業化している農業経営体が地域経済の中で重要な役割を果たしていることがわかります。

■供給の安定化1　一次加工による出荷調整

我が国の農業の特徴の一つとして、多様な自然条件の下にあって、各地域で多様な農業が行われており、バラエティ豊かな食材が手に入る一方で、産地のロットが小さく、ちょっとした気候の変動によって豊凶の差が大きく出やすいということが挙げられます。特に、大型台風の襲来や記録的猛暑、豪雪など地球温暖化が原因と思われる気候変動の大きさは、日本に住む多くの人が実感していると思われ、野菜の価格の変動もそれに伴って大きくなっています。

一方で、チェーン飲食店などの外食やコンビニ弁当などの中食で食事をとる人が増える中、これら外食、中食の事業者は、提供する商品の価格を上下させることを嫌うため、できるだけ安定的に食材を調達したいと考えています。このため、一般的に、質・量・価格を安定的に供給できる先との取引を優先し、それ以外は市場において安ければ買うという行動様式になります。

このため、一時期、外食、中食の事業者は中国などの外国から野菜などの食材の調達を増やしてきましたが、中国自体が経済発展とともに供給能力に陰りを見せ始めたことや安全性の問題が繰り返し起きたことなどから、国内調達できるものはできるだけ国内で、と考えるようになってきています。特に、小売り等においても、差別化しなければ利益を上げにくくなっていることから、評価の高い農産物を使いたいというニーズが高まっています。

その結果、国内農産物の供給の安定化を図るための取組みが模索されていますが、ここでも六次産業化のうちの加工が一つの解決策となります。

山口県船方総合農場と並んで六次産業化の嚆矢として知られる、千葉県香取市に出自を持つ和郷園グループは、このような農業サイドの課題に対して、豊凶や収穫期と需要時期の差を埋め、安定的に通年で野菜を供給するには、初期加工を行い、冷凍保管して、川下の需要に応じて出荷時期を調整する仕組みを作ればよいのではないかと発想して、冷凍加工に取り組みました。

群馬県渋川市の株式会社赤城深山ファームは、蕎麦屋や造園業を経験した後、赤城山麓の農地を借りて新規参入して蕎麦の栽培を始め、造園業で身に付けた重機操作技術を活かして耕作放棄地を次々と耕作できる農地に変えて栽培面積を広げてきました。しかし、国内の蕎麦の相場は北海道産の作況に左右され、しかも年による変動が極めて大きいことから、本州では蕎麦専作の主業経営体はごく少数で、実際、就農七年目には取引先の製粉会社が購入価格を半値以下に引き下げ、大量の在庫を抱える事態に陥りました。そこで、翌年製粉設備を整備し、直接蕎麦屋に蕎麦粉を販売することにしました。

設備投資をした年にはさらに販売額が減少するなど、この前後の曲折は涙なしに語れませんが、結果として、設備が完成した後には蕎麦粉の販路は徐々に拡大し、蕎麦粉の価格変動はそれほど大きくありませんので、蕎麦の相場価格が下落した年も含めて販売額は順調に伸びていきました。その後も夏秋二期作のべ二五〇haまで作付面積を拡大し、地域の耕作放棄地の増加防止に重要な役割を果たしています。

■供給の安定化2　通年雇用

加工や販売に取り組むことで、それ自体仕事が増え、しかも出荷時期をコントロールできるようになれば、一時期に集中していた出荷・販売の業務も通年でならすこともでき、一時雇用ではなく正規の通年雇用ができるようになり、人材を集めやすくなります。

田植えと収穫の時期に作業が集中して労働の季節偏在が著しいにもかかわらず、直接販売以外の六次産業化が遅れていた稲作も、「経営」の体を備えた農業経営体が増加するにしたがって、餅、和菓子、惣菜の加工や販売に取り組むところが増えてきました。

その代表が石川県白山市の株式会社六星です。もともと農作業や機械利用の共同化のために設立され、その後加工・販売にも取り組んできた法人を、世代交代を機にブランド戦略、販売戦略を本格化させ、事業規模を拡大してきました。

第2章でみたとおり、石川県の農業は高齢化が進み、リタイアする方が増えていますが、六星はこういった方からの請負耕作を行い、地域農業を守っています。また、六星で働いている方の多くが農家出身ではなく、様々な経歴を持つ方が各部門で活躍することで事業を発展させており、農村地域の雇用創出にも貢献しています。

■需要変化への対応1　消費者の声を聞き消費者に情報を伝える

六次産業化の取組みを始める農業経営体が増えてくると、その中でさらに差別化をしていくことが必要になります。その際に重要なのは、消費者の声を聞き、一方で効果的な情報を発信することです。

この点で、和歌山県有田市の株式会社早和果樹園で聞いた「アンテナショップそれ自体は赤字だけれども、消費者の声を毎日じかに聞ける機会は重要で、そこで社員は成長し、そこから新製品のヒントも得られる」というお話を忘れることができません。

早和果樹園は、農山漁村振興の優良事例として毎年首相官邸で表彰式が行われる「ディスカバー農山漁村（むら）の宝」の過去五年間の受賞地区を集め、二〇一九年に開催されたディスカバー農山漁村（むら）の宝サミットにおいて栄えある大賞を受賞するなど、その取組みは広く知られていますが、まさに「みかんのすべてに関わるみかんの六次産業の会社」です。

二〇〇四年に一〇〇％みかんジュース「味一しぼり」を発売して以来、継続的に新製品を出し、ブランディングも進めて百貨店、高級スーパー、ホテルなどに販路を拡大し、さらには知名度が上がってきた二〇一九年にはリブランディングして企業ロゴや商品デザインを変更するなど、常に消費者の声を反映した改善を行ってきました。

早和果樹園はアンテナショップとして、本社直営店のほか、わかやま紀州館（和歌山県のアンテナショップ）内や和歌山県内外の観光地に店舗を開設し、職員を派遣して接客に当たらせていますが、こうした店舗での経験の成果か、経営陣のみならず社員にも広報マインドがあって、ホームページは見やすいし、会社の面白い取組みなどがマスコミにキャッチされることが多いような気がします。社員食堂がＮＨＫの「サラメシ」にも取り上げられ、コロナ禍の二〇二〇年三月には、休校になった社員の子供を会社が預かる「子供預かり所」の取組みが関西の複数のメディアに取り上げられました。

早和果樹園には、他県の大学出身者も含めてみかんが大好きな若者が就職していますが、その一人が、「早和では、みかん生産・加工はもちろんのこと、おいしい食べ方や情報の発信など、およそみかんに関するすべてのことが学べる」と話していました。

和歌山県では、早和果樹園の取組みが刺激になったこともあると思いますが、最近テレビでもよく取り上げられる同じ有田市の株式会社伊藤農園や、紀の川市の有限会社柑香園（観音山フルーツガーデン）など、競って独自のブランド化を図り、積極的に情報を発信している取組みが増えているように思います。

私は、**農業が一時期衰退した根本の理由は、消費者と生産者が分離して、お互いのことに無関心になってしまったことにあると考えています。この意味でも、消費者の声を聞き消費者に情報を伝えることは、**

付加価値向上の基本です。

最近では、これをサポートすることを事業とするベンチャー企業が続々と現れています。その代表例が、都会でのスーパー内農産物直売所事業である「農家の直売所」を展開する農業総合研究所です。

その仕組みは、①生産登録した生産者（約九五〇〇人）は農業総合研究所が用意する集荷場（全国約一〇〇か所）まで農産物を持ち込み、タッチパネルで売りたい店、値段を決めてバーコードシールを発券し、袋詰めした農産物にバーコードを貼る、②農業総合研究所は集荷した農産物を翌朝には各店舗（約一七〇〇店舗）に陳列する、③農産物の販売状況はリアルタイムに生産者に届き、店舗もその情報を共有する、一方消費者は生産の情報を得ることができ、希望すれば相互に情報交換することもできる、というものです（数字は二〇二一年二月現在）。これによって、消費者の声がじかに生産者に届き、生産者の改善やモチベーション向上につながります。

B店舗に数か月野菜を出していたAさんが、C店舗に出した方が高く売れるということでB店舗での陳列をやめていたところ、B店舗でAさんの野菜を気に入って購入してくれていたDさんから、「最近Aさんの野菜が出ていないけれども、病気にでもなったのか」とAさんに連絡が入り、Aさんは自分の野菜のファンがいることを改めて認識し、農業をやっていてよかったと感じたという話も聞きました。

ビジネスモデルは違いますが、オンラインマルシェ「食べチョク」を運営している株式会社ビビッドガーデンなど、農業の生産者と消費者をつなぐ事業は急速に進化を遂げています。

農業経営体にとっては、選択肢が増えてきた中で、どのサービスを利用するか、何を自ら手がけるか、自分の置かれた立ち位置などを踏まえて決めていく時代になってきましたが、消費者の声を聞き、消費者に情報を伝える努力が必要なことには変わりありません。

■需要変化への対応2　販路を複数持つことで需要変化リスクを軽減

自ら観光農園や飲食業・宿泊業を営んだり、ホテルや外食、土産物向けに農産物を供給している農業経営体は、今般のコロナ禍でかなり大きなダメージを受けつつも、周囲の協力も得ながら、新たな販路を開拓して難局に立ち向かっています。

このような需要の急激な変化に対しても、複数の販路を持っていれば、被害を最小限に食い止めることができます。

前述のひよこカンパニーなどのほか、京都市を本拠に九条ねぎの生産・加工を行う、こと京都株式会社も、多角的な販路を持つことで危機を回避しようとしています。

同社では、日本農業法人協会の前会長であり、他産業で営業の経験もある現社長が、ねぎの売上げを伸ばすには、安定的な需要のあるラーメン店に、そのまま使えるカットねぎの状態で出荷すればよいと考え、前職で養われた営業能力を活かして取引先を広げ、需要の拡大に合わせて、自らの生産を増やすのみならず、九条ねぎ生産者団体を発足して供給体制を拡大させてきました。一方で、乾燥ねぎなど商品のラインアップも拡充して販路も多角化させ、市場出荷の部分も残しておくなど複数の販路を確保してきました。

このため、コロナ禍で外食需要が一時的に減少しましたが、販路の複線化が功を奏して、ダメージを軽減することができたと聞きます。六次産業化の代表例としてしばしばメディアにも登場するので、ご存じの方もいらっしゃるかもしれません。

なお、こと京都では、最近の気候変動の激化の中でも、取引先に安定的にねぎを供給する責任を果たすため、事業継続計画を策定するとともに、一か所の産地が台風や豪雨で被害を受けても他の産地でカバーできるような全国の産地ネットワークの構築にも取り組んでいます。

■需要創造1　農業サイドから新しい需要を創る

付加価値の向上には、これまでなかった需要を創り出すという視点も重要です。戦後我が国の食生活をみると、洋食化、簡便化など劇的に変化してきましたが、この変化を農業サイドが主導したという事例は、一部の西洋野菜など極めて稀でした。

福井県福井市で稲作を営む株式会社アジチファームは、二〇〇五年に米粉の自社生産を開始し、米粉パンや米麺などの開発、販売を経て直売所兼レストランの経営にも乗り出しました。米粉を使った麺といえば、ベトナムのフォーを思い起こす人が多いと思いますが、アジチファームではレストラン展開を拡大する中で、ベトナム料理を提供することとし、自ら麺用米粉に適したインディカ米の生産も始めました。

コメの消費が年々減少し、コロナ禍において家庭内需要が増えて麺類の消費が大幅に伸びる中で、穀類でコメの一人負けの状況であるのは、コメの食べ方のバリエーションがないからだと言われますが、アジチファームはコメの需要創造に乗り出しています。

先述したように、農業サイドからの情報発信も徐々に増える中で、農業サイドからおいしい食べ方の提案もされるようになってきました。

野菜の通信販売の市場を確立したオイシックス・ラ・大地株式会社は、「おいしさ」「健康」に「楽しさ」「簡単」といったコンセプトも加えて、野菜を使った本格的な料理を手軽に作れるミールキットの開発で新たな市場を創造しています。

こうした農業生産者と消費者をつなぐビジネスの出現は、農業サイドから新しい需要を創る動きを後押ししてくれるのではないかと期待しています。

■需要創造2　海外市場の開拓

海外市場の開拓も、これまでになかった新しい需要を創造するという点で同じです。

二〇一三年以降、地方創生としての農政の最重要課題に、農林水産物・食品の輸出の拡大が掲げられ、二〇一二年に約四五〇〇億円だった輸出額が、世界的なコロナ禍で輸出が滞った二〇二〇年も含め毎年増加を続け、二〇二〇年には約九二〇〇億円となりました。政府では、マーケットインによる輸出産地の形成を図ることにより、二〇二五年二兆円、二〇三〇年五兆円とさらなる拡大を図る目標を掲げています。

表 3-1　農林水産物・食品輸出上位 20 品目の動き（2010 年→ 2020 年）

順位	2010年実績（金額単位：億円）		
	上位20品目	金額	割合
1	たばこ	269	5.5%
2	ソース混合調味料	212	4.3%
3	さけ・ます	180	3.7%
4	アルコール飲料	179	3.6%
	うち清酒	85	1.7%
5	真珠	161	3.3%
6	粉乳	142	2.9%
7	かつお・まぐろ類	136	2.8%
8	乾燥なまこ	128	2.6%
9	貝柱（調製品）	124	2.5%
10	清涼飲料水	119	2.4%
11	播種用の種等	107	2.2%
12	ホタテ貝（養殖）	103	2.1%
13	菓子（米菓を除く）	101	2.1%
14	さば	101	2.0%
15	すけとうだら	77	1.6%
16	ぶり（養殖）	66	1.3%
17	りんご	64	1.3%
18	植木等	62	1.3%
19	配合調製飼料	61	1.2%
20	豚の皮（原皮）	60	1.2%
上位20品目合計		2,242	45.6%
農林水産物・食品合計		4,920	100%
圏外	練り製品	56	1.1%
	緑茶	42	0.9%
	牛肉	34	0.7%
	丸太	9	0.0%
	スープブロス	-	-

順位	2020年実績（金額単位：億円）			2010年対比
	上位20品目	金額	割合	
1	アルコール飲料	710	7.7%	398%
	うち清酒	241	2.6%	284%
2	ソース混合調味料	365	4.0%	172%
3	清涼飲料水	342	3.7%	287%
4	ホタテ貝（養殖）	314	3.4%	306%
5	牛肉	289	3.1%	850%
6	さば	204	2.2%	203%
7	かつお・まぐろ類	204	2.2%	150%
8	菓子（米菓を除く）	188	2.0%	186%
9	なまこ	181	2.0%	142%
10	ぶり（養殖）	173	1.9%	263%
11	丸太	163	1.8%	1880%
12	緑茶	162	1.8%	382%
13	たばこ	142	1.5%	53%
14	粉乳	137	1.5%	97%
15	播種用の種等	125	1.4%	117%
16	内紙巻たばこ	111	1.2%	-
17	りんご	107	1.2%	167%
18	スープブロス	107	1.2%	-
19	植木等	106	1.1%	171%
20	練り製品	104	1.1%	186%
上位20品目合計		4,234	45.9%	189%
農林水産物・食品合計		9,217	100%	187%
圏外	真珠	76	0.8%	47%
	貝柱（調製用）	72	0.8%	58%
	豚の皮（原皮）	46	0.5%	77%
	さけ・ます	39	0.4%	22%
	すけとうだら	17	0.2%	22%

出典：財務省「貿易統計」から農林水産省作成の統計資料をもとに日本政策金融公庫作成

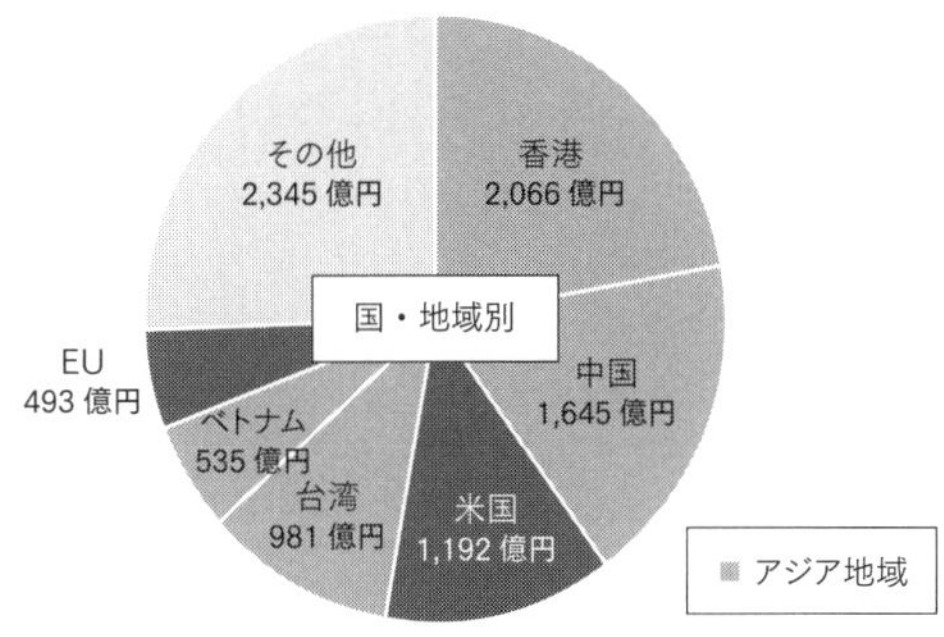

図 3-2　農林水産物・食品の国・地域別輸出先内訳（2020 年）
出典：財務省「貿易統計」より日本政策金融公庫作成

二〇一〇年実績と二〇二〇年実績を比較すると、たばこなど一部品目を除き、各品目軒並み輸出額を増やしていますが、注目したいのは、二〇一〇年には上位品目に加工食品や水産物が並んでいたのですが、二〇二〇年には牛肉、緑茶といった農産物が上位二〇品目に入ってきていることです（表３－１）。

また、輸出先の内訳を見ると、生活水準の向上や日本の食材への認知度の向上によって、特に中国をはじめとしたアジア地域への輸出が大きな割合を占めているのがわかります（図３－２）。

農産物輸出の現状と課題については多くの情報が出ていますし、政府内でも目標実現に向けた熱心な検討が続いているのでここでは触れませんが、今後、**人口減少・高齢化によって国内の食の需要が減少することが確実な中で、海外に需要を創ることは農業の持続的な発展のために不可欠**だということは確かだと思います。

2　コスト削減のための取組み

■コスト削減は財務分析によるコスト構造の把握から

農業・農政の世界では、これまでコスト削減を「大規模化」と同義かのように扱い、コスト削減と言えば規模拡大という感じで施策を進めてきました。しかしながら、第2章でみたように、ある程度規模が大きくなると、経営管理を一段高度化しなければ生産性向上にはつながりません。

また、当たり前のことですが、そもそも**自らの経営のコスト構造がどうなっているか把握し、どこのコストを削減するかを明確にしなければ、コスト削減による生産性向上の成果は得られません。**

法人化すれば、財務諸表を作成し、売上原価や販売管理費を算出するのでコスト把握ができますが、個人経営ですと、青色申告をしている四五万ほどの経営体ならばともかく、残りの過半数の経営体ではまだ家計とどんぶり勘定で経理しているところが多いと思います。また、一応コスト計算している経営体でも、例えば業種平均や優良経営との比較などによって財務諸表を分析してコスト構造の改善を図っている経営体は少数です。

さらに、生産工程管理において、ムダな動作や資材ロスがないか確認してコスト削減や省力化につなげるという意識も他産業の人から見れば希薄に感じられます。

しかしながら、法人化の進展や、他の産業を経験した人材の農業への参入が増える中で、単なる規模拡大にとどまらず、財務や工程管理などのデータに基づいた実効性のあるコスト削減の取組みが広がっています。また、農業経営体が財務管理や工程管理をしやすくするツールを提供する企業も増えてきました。

日本政策金融公庫では、毎年、経営部門別の決算動向の調査結果を公表していますが、コスト構造が特徴的ないくつかの経営部門について、個人経営の営業費用に占める割合が大きい費目をみてみると、稲作（都府県）では肥料・農薬等の材料費が三三％、機械設備等の減価償却費が二一％、農地等の賃貸料・リース費が一〇％となっているのに対して、施設野菜では材料費二六％、労務費・人件費一八％、減価償却費一三％、燃料動力費一二％、酪農（都府県）では飼料等の材料費六二％、減価償却費一六％、養豚では材料費六八％となっています（表3－2～表3－5）。

また、公庫が、高収益率上位二〇％の経営とこの平均とを比較して、どの費目の差が大きいかを分析した結果、稲作では材料費と減価償却費、施設野菜では労務費・人件費と減価償却費、酪農と養豚では材料費と、やはり割合の大きい費目のコントロールが差を生んでいるようです。

■減価償却費の削減――経営戦略に裏付けられた設備の効率利用

農林水産祭天皇杯も受賞している茨城県龍ケ崎市の有限会社横田農場は、高齢化・後継者不在により営農継続が困難となった近隣農家の農地を預かり、毎年一〇haずつ増えて二〇一九年時点で一五〇ha程度の

表 3-2　令和元年農業経営動向分析結果（売上第 1 位部門：稲作）

決算年		R1					
属性		個人・北海道	営業費用に占める各費用の割合	個人・都府県	営業費用に占める各費用の割合	法人	営業費用に占める各費用の割合
水稲作付面積（ha）		16.2		15.7		33.5	
売上高		35.0		29.0		64.5	
営業費用（売上原価＋販売管理費）		24.8		21.4		66.5	
	材料費	8.6	34.7%	7.1	33.2%	11.4	17.2%
	労務費・人件費	0.7	2.7%	1.2	5.8%	17.9	27.0%
	燃料動力費	1.3	5.3%	1.5	6.9%	0.7	1.0%
	賃貸料・リース費	2.2	8.9%	2.2	10.3%	7.0	10.5%
	減価償却費	4.4	17.8%	4.6	21.3%	6.5	9.8%
	その他費用	7.6	30.6%	4.8	22.4%	22.9	34.5%
営業利益		10.2		7.5		**-2.0**	
営業外損益		**-0.3**		**-0.2**		8.3	
利益（※）		9.9		7.4		6.4	
（参考）役員報酬		-		-		5.9	

（単位：百万円）

※利益＝〔個人〕農家所得（専従者給与控除前）、〔法人〕経常利益
出典：日本政策金融公庫「令和元年度農業経営動向分析結果」

表 3-3　令和元年農業経営動向分析結果（売上第1位部門：施設野菜）

決算年		R1			
属性		個人	営業費用に占める各費用の割合	法人	営業費用に占める各費用の割合
第1位品目栽培面積（千㎡）		5.1		14.4	
売上高		31.7		154.9	
営業費用（売上原価＋販売管理費）		25.6		165.0	
	材料費	6.7	26.3%	15.9	9.6%
	労務費・人件費	4.6	18.1%	57.0	34.6%
	燃料動力費	3.0	11.6%	5.5	3.3%
	賃貸料・リース費	0.7	2.6%	5.5	3.3%
	減価償却費	3.4	13.2%	16.0	9.7%
	その他費用	7.2	28.2%	65.1	39.5%
営業利益		6.1		**-10.0**	
営業外損益		0.0		4.6	
利益（※）		6.0		**-5.3**	
（参考）役員報酬		-		9.0	

（単位：百万円）

※利益＝〔個人〕農家所得（専従者給与控除前）、〔法人〕経常利益
出典：日本政策金融公庫「令和元年度農業経営動向分析結果」

表 3-4　令和元年農業経営動向分析結果（売上第 1 位部門：酪農）

決算年	R1							
属性	個人・北海道	営業費用に占める各費用の割合	個人・都府県	営業費用に占める各費用の割合	法人・北海道	営業費用に占める各費用の割合	法人・都府県	営業費用に占める各費用の割合
成牛頭数（頭）	95.9		66.1		230.8		181.2	
売上高	110.9		85.4		266.0		248.7	
営業費用（売上原価＋販売管理費）	90.1		75.3		259.2		248.4	
材料費	50.7	56.3%	46.7	62.1%	106.4	41.1%	107.6	43.3%
労務費・人件費	2.8	3.1%	2.8	3.7%	42.0	16.2%	38.1	15.3%
燃料動力費	4.6	5.1%	3.4	4.6%	4.2	1.6%	2.6	1.0%
賃貸料・リース費	4.0	4.5%	1.7	2.3%	8.0	3.1%	3.7	1.5%
減価償却費	14.4	16.0%	11.7	15.5%	44.1	17.0%	37.3	15.0%
その他費用	13.6	15.1%	8.9	11.8%	54.3	21.0%	59.2	23.8%
営業利益	20.8		10.1		6.8		0.2	
営業外損益	**-0.2**		0.1		12.9		6.3	
利益（※）	20.5		10.3		19.7		6.6	
（参考）役員報酬	-		-		15.8		11.3	

（単位：百万円）

※利益＝〔個人〕農家所得（専従者給与控除前）、〔法人〕経常利益
出典：日本政策金融公庫「令和元年度農業経営動向分析結果」

表 3-5　令和元年農業経営動向分析結果（売上第１位部門：養豚）

決算年		R1			
属性		個人	営業費用に占める各費用の割合	法人	営業費用に占める各費用の割合
繁殖雌豚頭数（頭）		159.7		676.2	
売上高		114.1		618.3	
営業費用（売上原価＋販売管理費）		101.9		592.8	
	材料費	69.2	68.0%	271.8	45.9%
	労務費・人件費	5.5	5.4%	88.0	14.8%
	燃料動力費	5.4	5.3%	10.0	1.7%
	賃貸料・リース費	1.1	1.1%	5.2	0.9%
	減価償却費	6.1	6.0%	47.8	8.1%
	その他費用	14.6	14.3%	169.8	28.6%
営業利益		12.2		25.5	
営業外損益		**-0.3**		2.7	
利益（※）		11.9		28.2	
（参考）役員報酬		-		19.4	

（単位：百万円）

※利益＝〔個人〕農家所得（専従者給与控除前）、〔法人〕経常利益
出典：日本政策金融公庫「令和元年度農業経営動向分析結果」

水田で稲作経営をしていますが、様々な需要に対応した多品種のコメを生産し、収穫時期の分散化を図ることにより、農業機械の稼働率を飛躍的に高めるとともに、一人当たり作業面積を拡大することで減価償却費、労務人件費を削減させています。

加えてＩＴ技術も活用しながら育成管理を効率化し、農薬・肥料等の材料費の削減にも成功しています。横田農場では、手間のかかる有機米、特別栽培米なども生産していますが、これらを含めて一般的な農家の半分程度のコストでの稲作経営を実現しています。

横田農場には、稲作のコスト削減の要素がすべて凝縮されていると言ってもよいと思いますが、さらに、国が進める自動運行農業機械などのスマート農業の実証プロジェクトにも参加するなど、その歩みを止めていません。

一〇ha以上の水田で稲作をしている経営体であれば数百万円から一〇〇〇万円以上するコンバインで収穫をしていますが、一年間で一、二週間程度しか稼働していないケースが多く、規模が小さい経営体ほど減価償却費に圧迫されがちです。こういった機械化貧乏を避けるため、昭和の時代から高額な農業機械の共同利用を進めてきましたが、品種が同じならば収穫時期も重なるため、機械化組合を作っても実効性が上がらないことも少なくありませんでした。

機械を最大限有効に活用する上でも、販売戦略に裏付けられた多品種化といった、まさに「経営」が必要不可欠であることが、横田農場の実例からわかると思います。

減価償却費を縮減するという点では、先に紹介した雲仙きのこ本舗が好例です。消毒施設や培養室の整備など初期投資がかさむきのこ栽培において、同社は、高度成長期に地元自治体が誘致した企業が撤退するときに中古の施設を圧倒的に安く調達してコスト削減を図ってきました。

最近では廃校を利用するなど、地域の遊休資源の活用による地方創生の取組みが増えており、これらの事例は、コスト削減の観点からも有効といえるでしょう。

■材料費の削減――農家と資材メーカーの協働

農業経営におけるコストで最も大きな割合を占めるのが肥料・飼料・種苗などの材料費で、特に畜産経営では飼料効率を少し上げるだけで手元に残る資金がまったく違ってきます。

このため、農業で生計を立てている主業経営体や法人経営体は材料費に敏感で、少しでも安くて質の良いものを手に入れようと考えている一方、副業的な経営体は入手・使用の簡便さを優先しがちであり、材料費に係るコスト意識は低いのが実態です。二〇一六年に始まった農協改革の最も重要な柱も、この材料費の低減です。

大阪府岸和田市にあるキノシタファーム代表・木下健司さんは、農家出身ですが他産業の営業の仕事を経験してから就農し、親とはまったく違った経営方針に立ちました。資材会社から示されたバッグ栽培という手法をそのまま取り入れてミニトマトの生産を行い、高収益を上げています。

バッグ栽培とは、有機質を配合した土が詰まった袋の中にトマトの苗を直接に植えて栽培する手法のことです。ベテランの野菜農家は、自分の栽培技術や長年の経験に誇りを持っており、バッグ栽培を導入してもメーカーの言うとおりではなく独自に手を加えてしまい、なかなか思ったほど生産性が上がらなかったようです。しかし、木下さんは、まっさらな状態で就農したため、マニュアルどおりに栽培し、工程管理と販路開拓に力を入れていたところ、むしろベテラン農家よりも良質な品を安定的に、高収量で生産できたと言います。

今日、住友化学など大手も含め資材メーカーは、単に肥料や農薬を売るだけでなく、栽培技術をパッケージで提供するようになっており、農家側はそういったメーカーの提案を踏まえ、自分の目指す経営に照らして選択することが必要となってきています。

栃木県下野(しもつけ)市にある施設園芸の資材・プラントメーカーの株式会社誠和もその一つで、ここではさらに、次世代のトマト農家の教育・研修や栽培技術の試験・研究を目的として二〇一七年にトマトパークを設置し、誠和発の技術を使ったトマト農家の育成に乗り出しています。

■畜産における材料費の削減——飼料と衛生管理

畜産における材料費のほとんどが飼料です。このため、大規模な畜産農場は、少しでも安い飼料を入手できるよう配合飼料工場がある場所（飼料原料となるトウモロコシ等の輸入港の近隣）から同心円状に広がって立地しています。

この意味で、畜産経営のコスト削減、生産性向上は飼料メーカーがカギを握っていると言えますが、配合飼料価格は米国のトウモロコシの作況などを反映した穀物の国際相場の変動に左右されることから、畜産業界や国では、国内の、できれば地域内で自前で作る自給飼料の利用を進めてきました。

千葉県香取市で酪農経営を行う株式会社長嶋は、周囲に広大な農業地帯が広がる中、自給飼料の確保と高品質飼料の製造に注力し、営農組合による稲発酵粗飼料（ＷＣＳ）の生産や、自給飼料製造会社を設立してＴＭＲ（牧草・稲わらなどの粗飼料、濃厚飼料、ミネラル、ビタミンなどを混合した飼料）の製造を行っています。今日では飼料品質も向上し、遠方の畜産農家が求めてくることも増えているそうです。このような耕畜連携は、地域でリーダーシップをとれる人材がいないと進まないことが多いのですが、長嶋透社長は、地域の酪農家、稲作農家をうまくまとめ上げ、結果として営業費用に占める飼料費の割合は業種平均を大幅に下回るという成果を上げています。

畜産においては、家畜の死亡率を下げることもコスト削減の重要な要素です。

我が国の養豚業も生産性の向上がみられるものの、デンマークなどの養豚先進国と比較すれば、まだまだ低い水準にとどまっています。その一番の要因は、母豚の一回の出産から取れる子豚の数が著しく少ないということにあります。

また、近年、豚熱や鳥インフルエンザ、口蹄疫など毎年のように家畜疾病が発生しています。発生した農家には、家畜伝染病予防法に基づく手当金や互助基金などが支給され、経営再建にも様々な支援が用意されていますが、家畜疾病が発生すればコストの増嵩（ぞうこう）は避けられません。

このようなことから、最近は外部の人を畜舎に立ち入らせないところが多いですし、野生鳥獣が畜舎に入らないような施設整備をしているところも増え、求められる家畜防疫対策のレベルも上がっています。ただし、生産性の高い経営体の農場とそうでない農場ではかなりの差があるというのが実態です。

また、畜産経営体が自ら獣医師を雇用し、生産管理と衛生管理を一体的に行うことで生産性向上を図るところも増えています。島根県益田市の株式会社松永牧場は、獣医を九人体制にすることにより、家畜衛生管理のみならず、食品残渣飼料化や品質管理など多方面の事業展開が可能になったと言います。

■労務人件費の削減――安い労働力は解決にならない

労務人件費の削減というと、賃金引き下げやリストラによる人員削減をイメージする方も多いと思いますが、人手不足感が特に高い農業では、そのような手法はなじみません。

人手不足への対応としては、外国人労働者の導入が重要な手段とされ、農業分野において外国人労働者の多数を占める技能実習生制度が制度面、運用面において次第に充実されてきたこともあって、厚生労働省「外国人雇用状況の届出状況」によれば、平成元年には農業・林業の外国人雇用労働者は三・六万人に達しています。

しかしながら、一〇年以上前はともかく、現在では近隣諸国の経済発展に伴う労働需要の増大・賃金上昇により、様々な経費を勘案すれば、外国人労働力は必ずしも安価な労働力ではなくなっており、技能実習生にとっても過酷な労働環境では逃げ出されるか、そもそも来てもらうことさえ難しくなりつつあります。

外国人労働力について、ここではこれ以上触れませんが、実感として、ホワイト化している農業経営体においては技能実習生も生き生きと仕事をしている一方、そうでない経営体では技能実習生のつなぎ止めに汲々(きゅうきゅう)としているように思います。

同様のことは、最近注目されるようになった農福連携による障がいのある方の雇用についても言えます。障がいのある方には、部分的にできないことがある反面、特定のことには集中してできるとか、特定の条件の下では力を発揮できるという面もあり、農業において、この特性を活かして実績を上げている事例がいくつもあります。

ただ、静岡県浜松市の京丸園株式会社や大阪府泉南市のハートランド株式会社など、農業経営における障がい者雇用で成功している事例はいずれも、農作業全体を見通した上で作業をいくつかのパーツに細分化し、そのパーツの一つを障がい者の方に担当してもらっています。つまり、パーツに分けたときに人一人分の業務量があることと、農作業全体を見通せる経営力があることが必要条件であり、単に安い労働力とみていたのでは成功はおぼつきません。

■労務人件費の削減＋人手不足対策としてのロボット化

労務人件費の削減と人手不足を同時に解決する方法として、作業を省力化することができるロボットに期待が高まっています。

ロボット化が最も進んでいるのは酪農で、二〇一九年時点で我が国に一〇〇〇台以上の搾乳ロボットが導入され、そのうち北海道が約六割を占めています。北海道では酪農経営体の六％に導入されており、十勝平野に行けば、ある程度以上の規模の酪農経営では、搾乳ロボットの導入が標準装備のようにさえなっています。

搾乳ロボットにもいくつかのタイプがありますが、大部分はフリーストール方式（牛をつながず、自由に歩き回れるスペースを持った牛舎の形態で、牛は乳房が張ると自ら搾乳スペースにやってきてロボットが搾乳する方式）で、一台当たり六〇頭程度の搾乳を行う設計となっています。

これにより、搾乳作業の実働が極めて少なくなり、搾乳回数も一日二～四回（一般的には二回）に増えて乳量増や乳房炎減となり、搾乳と同時に乳質・乳量のデータが把握されて疾病把握も含めた個体管理・データに基づく経営がきめ細かにできるようになるメリットがあります。データ管理をしやすくし、情報を経営改善につなげるシステムの開発など、関連した経営サポートを行う農業ベンチャー企業も現れ、その利用も進んでいます。

ただ一方で、施設費が高額な上、牛の通り道を設けるための牛舎の新改築が必要な場合が多く、また六〇頭以下の経営では増頭が必要となり、保守契約等ランニングコストがかかるなど、コストも相当に高くつくなどのデメリットもあり、ただ単に労働負担が軽くなるというだけで導入すると経営を圧迫することになってしまいます。規模の小さな酪農経営体に多いつなぎ牛舎方式（酪農経営の約八割を占める）にも適用できるロボットも開発・実証中ですが、実用化に向け解決すべき課題は多いようです。

また、高度な機械のメインテナンスはメーカーに頼る部分が大きいという点も問題の一つです。搾乳ロボットはすべて欧米企業からの輸入品であり、営業所はある程度まとまった台数がある地域にしかないので、営業所から遠距離にある場合は十分なフォローを受けられないといったリスクも考慮する必要があります。酪農集積地の十勝で搾乳ロボットの導入が進んでいる背景はまさにこの点にあります。

耕種農業においても、例えば、新潟県の大規模な稲作経営では、かなり多くの経営体が農薬散布にドローンを使うようになっています。また、重量野菜の収穫ロボットも急速に性能を向上させ、導入が広がってきています。

さらに、テレビドラマとなった『下町ロケット　ヤタガラス』のモデルの一人と言われる北海道大学の野口伸先生などの長年の努力により、ＧＰＳと連携した無人走行のコンバインや田植機も開発・実証段階を終え、すでに実用化段階に入っています。これらの機械の能力を最大限活かすためには、一〇〇ha単位の集約・超大区画な圃場整備が必要となっており、これを地域の農業関係者の理解を得て進めるにはコスト削減以上のプラスαが必要になってきます。

ロボット化が最も進んでいる分野は、植物工場などを含めた施設園芸だと思いますが、現状では葉物野菜しか実用化されていない植物工場の経営状況があまり芳しくないことは第2章で述べたとおりです。

単価の高いトマトやピーマンなどの野菜は、人工知能を活用した収穫ロボットの開発が急ピッチで進められていますが、どうしても人の手が必要となります。そんな中、次世代の農業を担うと期待されている三重県津市の株式会社浅井農園は、同県松阪市にある植物油製造業の辻製油株式会社などと合弁で立ち上げた環境制御型の施設園芸トマト生産で実績を上げ、さらに、人とロボットが協働する農業を目指し、自動車部品大手のデンソーと共同でトマト収穫ロボットの開発を進めています。同社はさらに、「現場を科学する研究開発型の農業カンパニー」を目標に掲げて、外国人を含めて専門知識を持った社員を集め、新しい農業のモデルを作ろうとしています。

ロボット化を技術開発段階から実用段階に進めるには、製造業やプラントメーカーが農業経営体と連携して開発を進める必要があり、国でもこの点を意識した取組みを始めていますが、やはり農業サイドがリテラシーを持って主体的に取り組むことが重要です。

■製造業の手法やIT管理ツールを導入した作業工程の管理・改善

製造業との連携のほかに、グローバル企業の先進的な生産工程管理を導入してコスト削減を図る事例も増えています。

現場職員の主体的な改善の継続により徹底的に無駄を省き高い生産性を実現していることで有名なトヨタ生産方式を農業に導入する「豊作計画」が二〇一四年にスタートし、東海、北陸、滋賀県などを中心とした稲作経営体に導入が進んでいます。

日々の作業を記録し、作業の進捗や実績をデータとして見える化し、問題点を顕在化させて改善するというPDCAサイクルを恒常化させるものですが、面倒な記録の作業を簡略にするためにIT管理ツールを提供し、データを踏まえたコンサルティングを行っています。実際、この方式を導入した石川県の六星や滋賀県近江八幡市の株式会社イカリファームなどは、コストの大幅な削減を実感していました。

金融機関勤務経験のある社長が二〇〇四年に山梨県北杜市で農業参入して創業した株式会社サラダボウルは、その後、オランダ式の大規模園芸施設によるトマト生産を次々と各地で展開して注目を集めています。ともすればその大胆な経営戦略や先進的な施設に目が行きがちですが、二〇一四年に地方創生がスタートした際、内閣官房まち・ひと・しごと創生会議の委員だった同社社長のプレゼンテーションの主たる内容は、「人を育てる人を作る」というものでした。

つまり、農業の生産工程管理をしっかりできる人材を育てることが重要だということですが、実際、農場に行ってみると、工場や工事現場で見られるような5S（整理、整頓、清掃、清潔、躾）を徹底しており、作業記録をもとに現場改善活動が実施されています。

豊作計画やサラダボウルの取組みを見れば、コスト削減のためには、ＩＴツールや環境制御型施設の導入といったこともさることながら、重要なのは、**データによって現状を把握し、課題を明確にして地道な改善を繰り返していくこと**だと改めて認識させられます。

ロボット化とデータに基づく経営のためのＩＴツールの導入は、まさに国が進めているスマート農業そのものです。畜産ではスマート農業は現実に導入が進んでいますが、耕種農業はこれから本番を迎えようとしている段階です。

実際にスマート農業の成果が上がっているのが滋賀県彦根市の有限会社フクハラファームです。私もこの一〇年間で二代にわたり四回お話を聞く機会がありましたが、クボタの営農支援システムＫＳＡＳなどを導入し、ドライブレコーダーやウエアラブルカメラを利用した技術伝承実験、水田センサーを利用した水管理データの解析、環境保全型乾田直播等の技術パッケージの解析などを進め、最近では農地情報の上に営農情報を乗せ、いつどの農地にどれだけの農薬や肥料を使ったか、どこの農地の収量はどの程度だったかなどがすべて一元的に把握されるシステムを完成させ、データを解析することにより改善点を探り、次の計画を立てるサイクルを確立しています。

二代目の現社長によれば、一〇年前にスマート農業を導入し始めたときは、次世代に技術継承をするために技術を可視化することが主たる目的でしたが、現在は、農地の集約化・大区画化によってロボットの導入メリットが見出せた上、圃場ごとのコスト把握や経営分析が可能になり、いつ何を作付けするか、どう管理するかといった意思決定のサポートの役割も果たしているとのことでした。**「経営者の目的意識（＝何のため）に基づいた導入が必要」**と結論付けていたことを、ここでは強調しておきたいと思います。

■燃料動力費の削減——再生可能エネルギーの導入

コストの削減の最後に、燃料動力費の削減としての再生可能エネルギーの導入について簡単に触れたいと思います。

コスト構造のところで紹介したように、燃料動力費の割合が高いのは施設野菜であり、特に施設野菜ではこの抑制が重要な課題となります。このため、施設に太陽光パネルを設置したり、近隣の製造施設の排熱を利用したりしている事例も増えています。

その中で、最も大規模に再生可能エネルギーを導入しているのは、岡山県笠岡市の株式会社サラです。サラは、日本最大級の大規模施設で、二〇一九年からトマト、パプリカ、レタスの生産を行っていますが、併せて同敷地内に一〇メガワットの木質バイオマス発電施設を設け、そこで作られる電気や発生する熱、二酸化炭素を野菜生産に利用するとともに、余剰電力を売電しています。

サラの小林建伸社長は、この施設立ち上げに先立ってオランダを視察し、その取組みに衝撃を受けたと言います。オランダでは、北海油田の天然ガスを利用したＬＮＧ発電から発生する二酸化炭素を、日本の土地改良区のような組織がパイプラインを整備して農業用水のように園芸団地に送り、また発電後のタービン蒸気も熱回収してハウス内を循環する暖房給湯に利用していました。こうした仕組みがオランダを園芸大国にしたと確信し、施設園芸としては日本最大のトリジェネレーション（熱電併給設備から発生する熱、電気に加え、排気中の二酸化炭素も活用したエネルギー供給システムのこと）を導入しました。

家畜排泄物を利用したメタン発酵によるバイオガスプラントも、畜産経営の改善に貢献しています。特に北海道では、酪農の規模拡大を図る際に家畜排泄物処理対策としてバイオガスプラントを設置するのが当たり前のようになっています。ただ、北海道電力の再生可能エネルギーの送電網の容量不足で売電ができず、施設内・自家利用にとどまっているというケースが少なくないのが現状です。

また、最近、ソーラーシェアリング（農場や農業用施設の上にソーラーパネルを設置し、農業生産と太陽光発電を同時に行うこと）が注目されています。日本農業法人協会の主催で二〇二一年三月に開催された若手農業者コンクール「夢コンテスト２０４０」～20年後の経営ビジョン～で発表した七人の農業経営者のうち二人がソーラーシェアリングの拡大を掲げていました。

第5章で触れるように**農業にも脱炭素化が求められるようになる中で、農村にこそ多く賦存する資源を活用したエネルギーである再生可能エネルギーの利用の拡大は、農業経営のコスト削減の観点からも今後の重要な課題です。**

3　ワークライフバランスのための取組み

■職員が誇りを持ち、働きやすい職場

若い人たちが農業をやりたいと思えるようにするためには、生産性の向上による所得の向上と労働時間の低減のほかに、仕事のやりがいと働きやすい環境を提供することも重要です。

このことは、今日、働き方改革として、すべての産業における課題として認識され、ワークライフバランスは官民挙げての目標となっています。

熊本県菊池市で養豚を営むセブンフーズ株式会社は、経営理念の一つに「全社員の物心両面の幸福を追求する」ということを掲げており、ワークライフバランスという言葉がこれほど普及する以前から、従業員が誇りを持ってワクワクして仕事ができる環境を整えることを自らの経営課題としてきました。

労働環境の改善のため、まず「きつい、きたない、くさい」といったイメージの養豚から脱却したいと考え、おが屑、もみ殻などに豚糞を混ぜ、発酵を繰り返したものを床に敷き、その上で豚を飼育する発酵床を導入し、臭いが少なく汚水を流さない、浄化槽を不要とした飼育システムを確立しました。このシステムの開発で特許を取得しています。

さらに、二、三年繰り返し利用した発酵床を堆肥舎で堆肥化し、地域の耕種農家に販売しているほか、

食品メーカーや外食産業と連携して、食品残渣を利用して製造される飼料（エコフィード）を自ら製造・利用するなど、地域になくてはならない存在となっており、従業員もセブンフーズの職員であることに誇りを感じていると聞きます。

最近では、休みを計画的に取ることが困難な畜産にあってはなかなかできなかった週休二日の定着にも取り組んでいます。

子供を持った従業員に安心して働いてもらうために、自ら託児所を開設している農業経営体もあります。群馬県赤城山の山麓で、コンニャクと野菜の生産・加工を行っているグリンリーフ株式会社は、「感動農業」を経営理念に掲げており、その言葉が持ついくつかの意味の一つに「働く人が農業を通じて感動できるようにする」ということを含ませています。二〇一六年に加工場に隣接した場所に託児所を開設しました。木造のいかにも農業法人らしい温かみのある建物で、訪問した時には子供たちがすやすやとお昼寝していました。

■女性活躍

地方創生政策が始まったとき、同時に女性活躍も重要政策課題となりました。地域の人口減少に歯止めがかかるか否かのカギは若年層の女性がそこにいるかどうかであり、そのためには女性が活躍できる場が必要というのが当時の基本認識で、内閣官房の事務局も隣り合わせで、併任職員も何人かいました。

今でこそだいぶ理解が進んできましたが、**女性が働きやすい職場は男性も働きやすく、**そういう企業、産業には優秀な若者が入りたいと思うものです。また、特に消費財を提供する産業においては、購買の決定権は女性が握る割合が高いこともあり、加えて**従来にない商品を出すことが付加価値を高めることから、職員のダイバシティ（多様性）こそ、その企業の強みになる**と考えられるようになってきています。

ブランド化のところで取り上げてきた事例においても、堀内果実園に典型的に見られるように、商品開発の面においては多くのケースで女性が主導しています。

二〇一六年に日本政策金融公庫が行った調査によれば、直近三年間の経常利益増加率について、女性を役員・管理職に登用している経営体とそうでない経営体とで比較したところ、前者は一二七％、後者は五五％でした。また、二〇一九年に行った調査では、売上規模が大きくなるほど、女性の農業経営への関与が高まっていることが示されています。女性が経営に参画している経営体の方が収益力が上がり、規模も大きいことを示すものとして、白書などでも取り上げられました（図3－3、図3－4）。

新規参入して農業法人を立ち上げ、実績を上げている女性農業経営者も現れています。

大分県国東（くにさき）市のウーマンメイク株式会社は、関西出身で他産業に就業経験のある女性が、二〇一五年に国東半島で起業し、リーフレタス水耕栽培を行っている会社で、設立当初から、女性ならではの感性・能力・知恵の発揮、女性の自立を実現することを経営理念に掲げ、役員・従業員も大半を女性が占めています。幅広い年齢層の女性が働いており、柔軟な勤務体系や、クリーンな環境の生産体制を用意し、子育て

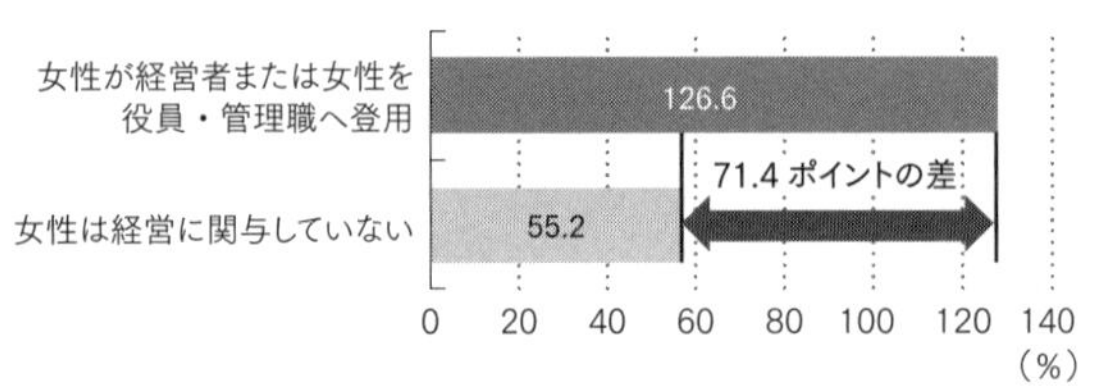

図 3-3　女性の農業経営への関与別で見る経常利益増減率（直近 3 年間）

日本政策金融公庫スーパーL 資金または農業改良資金の融資先のうち、21,389 先を対象として実施（回収率 28.0%）

出典：株式会社日本政策金融公庫農林水産事業本部「平成 28 年上半期農業景況調査」（平成 28 年〔2016〕9 月公表）をもとに農林水産省作成

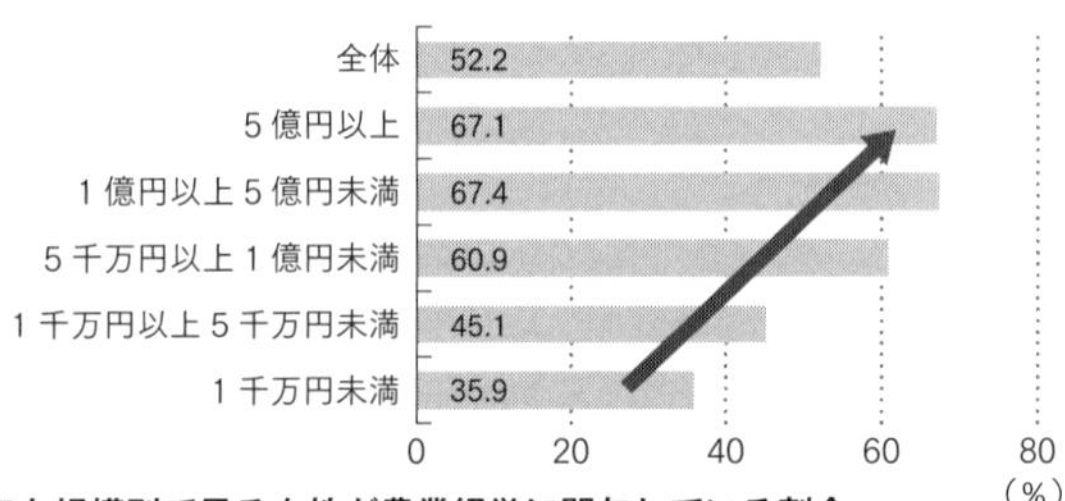

図 3-4　売上規模別で見る女性が農業経営に関与している割合

調査対象は、日本政策金融公庫スーパーL 資金または農業改良資金の融資先のうち、19,215 先を対象として実施（回収率 28.0%）。役員や管理職等として女性が 1 人以上経営に関与している経営体の割合を示す。

出典：株式会社日本政策金融公庫農林水産事業本部「労働力の状況等の動向に関する調査報告」（2019 年 12 月公表）をもとに農林水産省作成

や介護中の女性でも働きやすい環境を整備しています。最近スーパーでウーマンメイクのリーフレタスを見かける機会が多いのですが、女性の会社らしいパッケージで、ストーリーと併せてブランド化している様子がうかがえます。

最近では、「ディスカバー農山漁村（むら）の宝」での受賞など、各方面から取り上げられることも増えていますが、ウーマンメイクが起業数年で軌道に乗れたのは、同じ国東市の上原農園株式会社が自分の販路を提供してくれ、就農時の最重要課題である販路が確保されたことが大きかったと言います。地域の農業のリーダー格である上原農園は、生産技術面においても惜しみなく指導をしてくれ、地域の関係者にも声をかけて何かと協力をしてくれたそうです。**女性活躍においても、やはり周囲の理解と協働が重要な**ようです。

4　若手の育成のための取組み

■農業法人経営体が次世代人材を育成

若者が就職先を選ぶ際、「成長の実感」も重要な要素です。その意味でも、就農後の人材育成に熱心だとの評判が高い農業経営体には、若者が集まってきます。早和果樹園は、みかんを一生の仕事にしたい農外出身者がたくさん集まっていますし、グリンリーフの関連法人の株式会社野菜くらぶも独自の手法で若者の人気を集めています。

新規就農する若者は、法人に雇用就農される場合も含めて、やがては自分のやり方で農業経営をしたいと考える人が多いと思いますが、野菜くらぶは、最初から独立することを前提に研修生として若者を雇用し、野菜くらぶで経験を積ませた後に、群馬県を中心に青森県から島根県まで全国各地で野菜生産農家として独立させています。そして、独立した農家でネットワークを形成して、気候差を活かした周年安定供給の体制を構築しようとしています。これには、産地が分散でき、天候リスクを回避できるという面もあります。

長野県御代田（みよた）町の有限会社トップリバーは、このような「のれん分け」の手法を洗練させ、独立後のフォローも体系化した独立支援プログラムを構築してすでに三〇人以上の卒業生を輩出しています。

静岡県静岡市に拠点があり、県内八市に生産農場を持ち、一四のグループ生産者との連携により野菜生産を行っている株式会社鈴生（すずなり）も、「社長を一〇〇名育てる」を目標に収支計画から栽培技術指導まで、人材育成に力を入れています。

このように、**有力な農業法人経営体には、自分の経営のみならず農業界全体の発展のために次世代の人材を育てようと考えているところが少なくありません。**

埼玉県児玉郡上里町の株式会社関東地区昔がえりの会の経緯は、現在の農業を考える上でとても参考になります。関東地区昔がえりの会は、一九九九年に上里町周辺の専業農家三〇人で、機械の共同利用や野菜の大手外食企業への共同出荷のために設立されましたが、二〇一二年には会員農家のうち六戸しか後継者がいない状況となり、非農家出身者で農業を一生の仕事にとの想いを抱く若者を採用し始めました。雇用機会が豊富な埼玉県ですので、週休二日など他産業並みの労働条件を確保し、人事評価制度も導入して結果を公平に評価することに努めてきたと言います。早い段階で気づけたことが今日につながっていると言えます。

二年間程度の研修期間を経て、後継者のいない農家と連携して一・五ha程度での就農を目指しますが、研修後も雇用就農の形を望む人には職員として残ってもらいます。これにより、後継者のいない農家の農地も継承されることになります。関東地区昔がえりの会では、その設立趣旨から地域農業の維持に必要な数（二四、五人程度）しか若者を受け入れていませんが、県外からも入社希望の問い合わせが絶えないとのことです。

■若者に活躍の場を与える――早期計画的な経営継承

若者に活躍の場を与えることも重要です。ある程度経験を積んでくれれば、経営によりコミットしたいと考えるでしょうし、特にグローバル化、デジタル化等農業をめぐる情勢の変化が激しくなっている今日では、世代間で経営方針をめぐる見解の相違が生じるのはある意味当然です。一方で、親世代も経営継承のことを早い段階から考えておいた方が、スムーズに事業承継が進みますし、不測の事態にも対処できます。

フクハラファームでも現社長に経営継承するまでに十分な準備期間をおいたおかげで、自分自身も自信を持って社長に就けたし、経営方針のアップデートもスムーズに行えたと聞きました。

特に経営方針をめぐっては、親子一対一だと喧嘩になるので、税理士や金融機関など第三者を交えて交代までのロードマップと交代後の経営ビジョンを策定し、税務対策も講じたそうです。

先代は、今では経営には口を出さない一方、農作業を改善するのが趣味のような人ですので、一従業員として農作業を行い、後進の育成に注力しているそうです。

農業経営は早い段階から計画的に継承し、熟練の技術は生涯活かしてもらう。これが理想だと思います。

5　ホワイト化のその先に

■大量リタイアの先を見据えた農業の持続的発展のポイント

ここまで見てきたように、農業においても経営力のある経営体が続々現れていますが、農外から参入してきた人が立ち上げた経営体は、その設立の当初から産業的な経営体を目指してきていることが多い一方で、既存の経営体が改善・改良を重ねてホワイト化したところは、必ずしも最初から今の姿を目指して今日に至ったものではなく、目の前の課題を一つひとつ乗り越えようと苦闘しているうちに優れた経営にたどり着いていることが多いように思います。

岩手県北上市の株式会社西部開発農産は後者の典型で、今日では作付面積が一〇〇〇ha（水稲、大豆、小麦、蕎麦を中心に、野菜も数ヘクタール）に迫る規模になっており、和牛の繁殖肥育一貫経営、農産加工、焼き肉店経営、ベトナムでの野菜生産も行い、スマート農業の実践もしていますが、そもそもは転作の受託組織としてスタートしたもので、規模がここまで拡大したのは地域の農業を守るために、離農する農家の農地を引き受けてきたことによるものです。

しかし、引き受けた農地は各地に点在しており、農機を移動させるだけでも大変です。そこで農地・作付作物マップを作成して見える化し、農地所有者の納得を得ながら農地をエリア単位で管理して栽培する作物をそろえ作業効率を向上させてきました。農地を集約化した上で大区画圃場に整備して自動運転農機の導入も図っています。また、若者に入ってきてもらうためには常時雇用を安定させる体制が必要と考え、農閑期の仕事をつくるために六次産業化に乗り出しました。

今でも、耕作放棄地や条件の悪い農地も基本的には断らずに引き受けていると言い、規模は拡大し続けています。

今後、一〇年の間に高齢により離農する方の農地が大量に発生しますが、西部開発農産の例をみても、それが**耕作放棄化せずに将来にわたって引き継がれるには、ホワイト化し、さらに条件不利農地を引き受けるだけの余力のある農業経営体が地域にあるかどうかが重要なポイント**になることがわかります。

■企業化を目指す経営体もその地域の中にあればこそ

ホワイト化した農業経営体の中には、財務・労務のガバナンスや販売力をさらに向上させ、売上規模や雇用規模をみても、また地域の産業との連関をみても、その地域の産業の中核をなすような経営体も現れています。

特に畜産は、飼料や資材、商品の取引などを通じて他部門との連関が強く、「二〇一五年産業連関表」に基づく試算によれば、その経済波及効果は全産業の一・三倍に及んでいます。

また、畜産経営体はもともと食品の大企業の子会社や飼料企業の関連会社も少なくなく、家族経営から始まった経営体でも、かなりの規模になっているところもあります。

北海道上士幌町には大規模な酪農・肉用牛の経営体が集積していますが、その中でも株式会社ノベルズは我が国最大級の畜産経営体となっています。規模拡大に伴ってガバナンスも強化し、IT技術の専門知識を持つ人をスカウトするなどしてデジタル化も進んでいます。

同社はさらに、地域の畑作農家などと連携して、家畜排泄物をバイオガス発電や消化液の生産に利用し、一方で飼料自給率を上げるといった循環型農業の構築を目指しており、地域の中で生きる姿勢を明確にしています。

他の産業にはない農業の特徴は、その土地から離れられないということであり、西部開発農産もそうですが、**地域社会との共存、協調、協力関係がないと持続可能なものとはなりません。**

西日本屈指の大規模酪農経営体である島根県の松永牧場も、どんなに規模が拡大しても、やはり農業は地域の中にあればこそ、ということを強調していました。

高齢化、人口減少が続く条件不利地域の農村においては、若者の雇用を生む農業経営体が地域の維持にとっての最後の砦となっているケースもあります。

過疎化の進む愛媛県西予（せいよ）市の株式会社地域法人無茶々園は、一九八九年に当時の農業後継者グループが生き残りをかけて有機みかんの生産を行うため組織されましたが、地域の住民が出資してみかんの加工販売を行う組織や、海産物も併せて販売する組織、高齢者向け福祉サービスを行う組織などを整備し、無茶々園グループとして、地域住民が一つの組織体の構成員のような体制が構築されています。事務所も廃校となった旧小学校舎に構えています。

無茶々園は有機みかんを売りとして差別化を進め、生協を中心に販路を確立してきたおかげでそれなりの収益力を上げてきたことから、今では旧明浜町の農地の三割を担っており、農業後継者や他地域からの新規参入者として若者も雇用されています。この無茶々園の存在によって、農業のみならず、地域が何とか維持されていると言ってもよいと思います。

現在、設立当初のメンバーからの代替わりの時期にありますが、最近就任した若い代表は、今後とも持続していくための課題は、より少ない人数で農地を維持し、一方でより価値の高い商品を売ることができるだけの経営力、農泊を含めた都市住民・消費者との関係構築だと話してくれました。その言葉からは、地域を守り抜くという強い意志が感じられ、働く人たちの明るい表情ともども印象的でした。

以上、私がこれまでに実際にお会いしてお話をうかがった農業経営体の実例を挙げながらホワイト化の取組みについて述べてきました。もちろん、これはほんの一部にすぎず、もっと素晴らしい経営を行っていたり、参考になる取組みをされている経営体もたくさんあることは承知していますし、ここで紹介した農業経営体でも、ほんの一面しか取り上げていません。

ただ、ここでは、ホワイト化のために必要と私が考えることを、実際に見聞きした実例を通して述べたものとご理解いただきたいと思います。

第4章　農業のホワイト化のための日本政策金融公庫の取組み

1　日本政策金融公庫農林水産事業について

■農林漁業のための唯一の政策金融機関

農業の生産性向上のためには設備などの投資が必要であり、その導入のためには資金の調達が必要です。しかしながら、農業は他産業と比べて、収益力のわりに設備に要する金額が大きく投資回収に長期間を要し、しかも天候などの影響を受けやすく収益が不安定といった特性がありますし、これに加えて、以前は経営感覚を持った農業経営体が少なかったこともあり、民間の金融機関は、農協系統金融機関も含めて、農業経営体の投資への資金供給に消極的であることが多かったようです。

こういった資金ニーズに応えて長期の資金を供給してきたのが日本政策金融公庫農林水産事業です。

日本政策金融公庫（以下「日本公庫」と表記）は、二〇〇八年に国民生活金融公庫、中小企業金融公庫、

農林漁業金融公庫が統合されて発足しました（発足当初は国際協力銀行も統合されましたが二〇一二年に再分離されました）が、旧各公庫の業務の専門性を活かすため、事業本部制が採られています。この意味で、日本公庫農林水産事業は、旧農林漁業金融公庫の業務を引き継いだ、我が国唯一の農林漁業の政策金融機関です。

農林漁業金融公庫以来の歴史を簡単に紹介しますと、戦後復興から日本経済の自立に向けて、財政投融資による社会資本の拡充整備を図る必要から一九五〇年前後に相次いで各分野の公的金融機関が設立されましたが、農林水産分野においても農林漁業金融公庫の前身となった特別会計の設立（一九五一年）を経て、一九五三年に農林漁業金融公庫が設立されました。当初は、貸付決定以外の融資業務は、農林中金や民間金融機関への業務委託により実施していましたが、体制の整備、業務の変遷とともに自ら融資業務を行うようになりました。その後は、戦後農政の歴史とともに時代を刻んできました。

特に、平成時代に入ると、第1章で書いたように、ガット・ウルグアイラウンドの決着、新たな基本法の制定と農政が大きく転換し、農業も変貌を遂げるのに合わせて、公庫の農業融資の内容も大きく変化しました。

■農業の動向と符合する公庫農業融資――農業経営体の経営発展に重点を置いて伸長

平成に入って二〇〇六年まで、農業産出額の減少に符合するように、公庫農業融資もほぼ一貫して減少

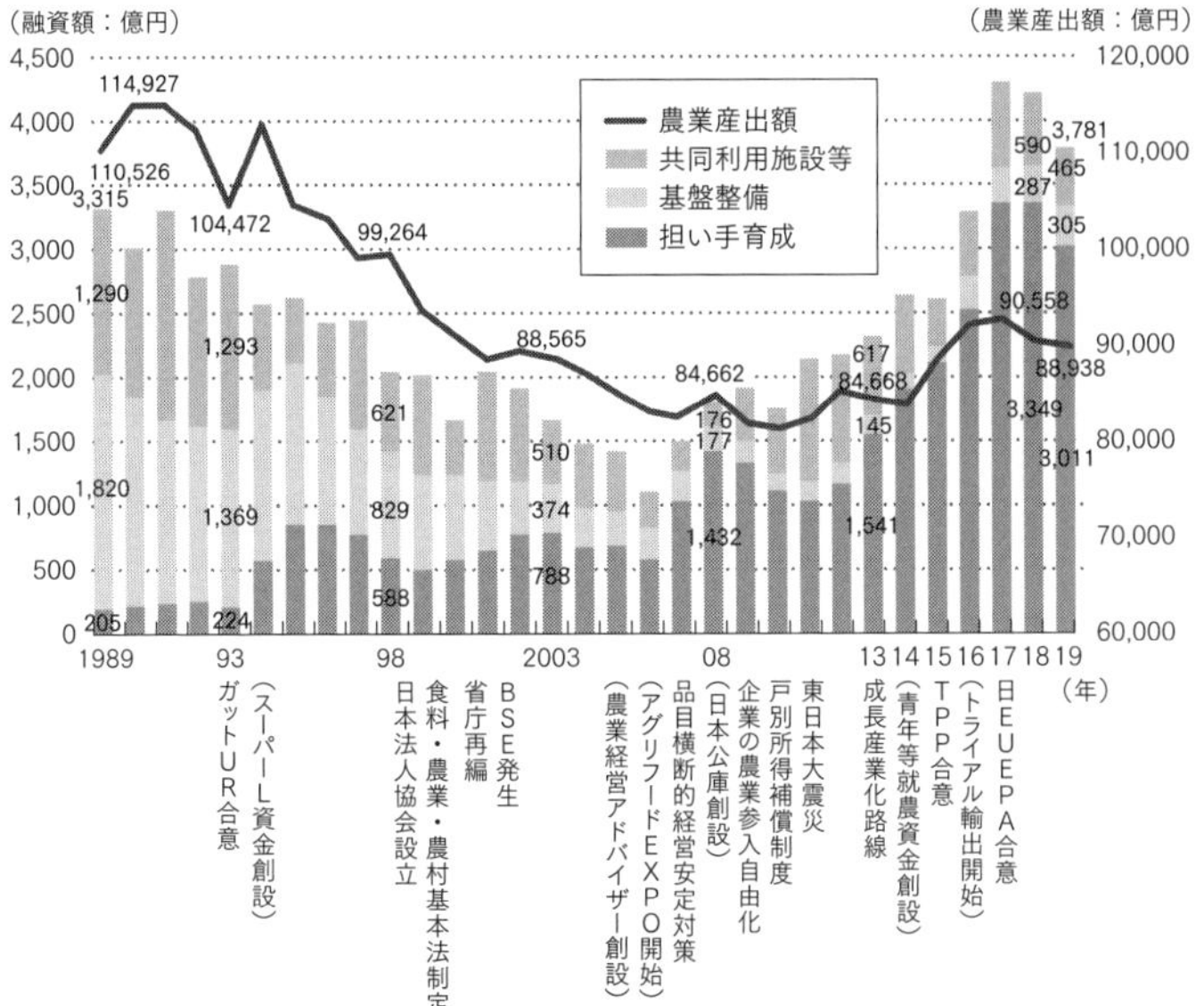

図 4-1　平成 30 年間の農業・農政の推移と公庫農業融資

（　）内は公庫の取組み。スーパーL資金、農業改良資金、青年等就農資金など農業経営体の経営改善・発展のための資金の融資額を「担い手育成」として、農業生産の基盤となる農地、水利施設などの整備のための資金の融資額を「基盤整備」として、農業者団体などを通じて農業者が共同で利用する施設などの整備のための資金の融資額を「共同利用施設等」として集計。

出典：日本政策金融公庫作成

しました。しかしながら、東日本大震災のあった二〇一一年あたりから農業産出額が上昇基調に転じるのに合わせて公庫農業融資も増加に転じました（図４－１）。

また、一九九三年に、地域農業の担い手を市町村が認定して集中的に支援する認定農業者制度ができ、その支援ツールとして一九九四年に、認定農業者が経営発展を図ろうとするための幅広い取組みに必要となる資金を提供する「スーパーＬ資金」が創設されて以降、担い手育成のための貸付の割合が、平成初期はわずか六％だったものが、平成の終わりには八〇％に増えました。

昭和の時代は、国の補助制度とセットで、地域の農業インフラ整備を資金面で支援することが中心的役割だったものが、平成に入ると、農業経営体の経営発展を支援することに重点が移ったのです。

また、二〇一三年以前は都道府県が農協系統金融機関などを通じて融資していた青年等就農資金が翌年に公庫に移管されると、大幅に融資実績を伸ばし、二〇一四年度二八四先、二七億円から、二〇一九年度には一六三九先、一三二億円と、件数、金額とも大幅に増加しています（図４－２）。

これらのことから、**日本公庫農業融資は、国の政策動向や農業の動向に合わせて推移**してきており、平成年間を通じて農業経営体の生産性向上に向けた投資に必要な資金供給に重点を移してきたこと、特に**この一〇年ほどの農業の急速なホワイト化に資金面で貢献**してきたことがわかると思います。

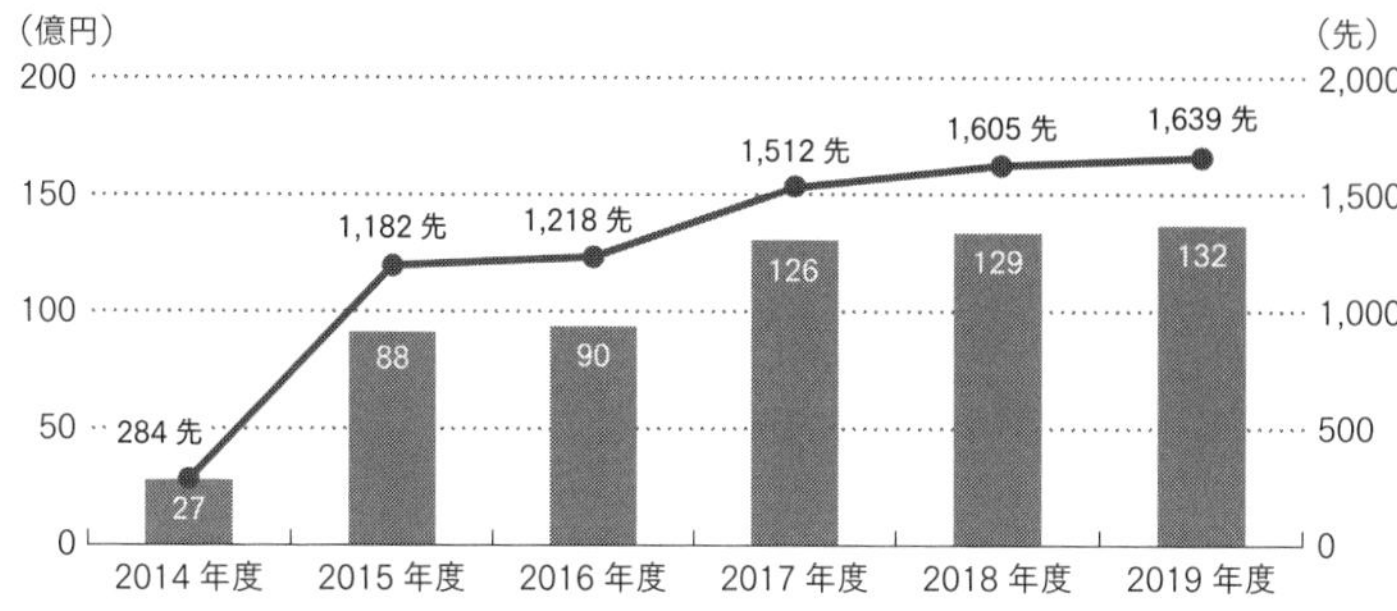

図 4-2　青年等就農資金の融資金額・融資先数
出典：日本政策金融公庫作成

二〇一八年度の農業向け新規貸付額のシェアをみると、農協系統金融機関と公庫がそれぞれ約四五％ずつ占めており、公庫資金のうち三割強は農協系統金融機関への委託貸付となっています（図4－3）。

農協系統金融機関の農業向け融資は、二〇一五年までは減少傾向にありましたが、農協改革が始まった二〇一六年以降はV字回復の傾向となっており、特に二〇一八年以降は、農業経営体の経営発展に向けて日本公庫農林水産事業と連携・協調が強化されています。

また、第1章で、地方創生の中心テーマは地域資源活用型産業の発展であることを紹介しましたが、自立性、将来性の観点から、これを実現する上で地域金融機関の役割が重要であると認識され、地方創生においては、産官学に金融を加えた「産官学金」がキーワードとなっており、金融をめぐる情勢の変化とも相まって、地域金融機関に地方の産業に積極的にコミットすることが求められるようになっています。こういった問題意識は、一部の地方の金融機関ではすでに一〇年ほど前から持たれており、農業の産業化もあって、農業の盛んな地域においては、地域金融機関が農業とその関連産業に積極的に関与する動き

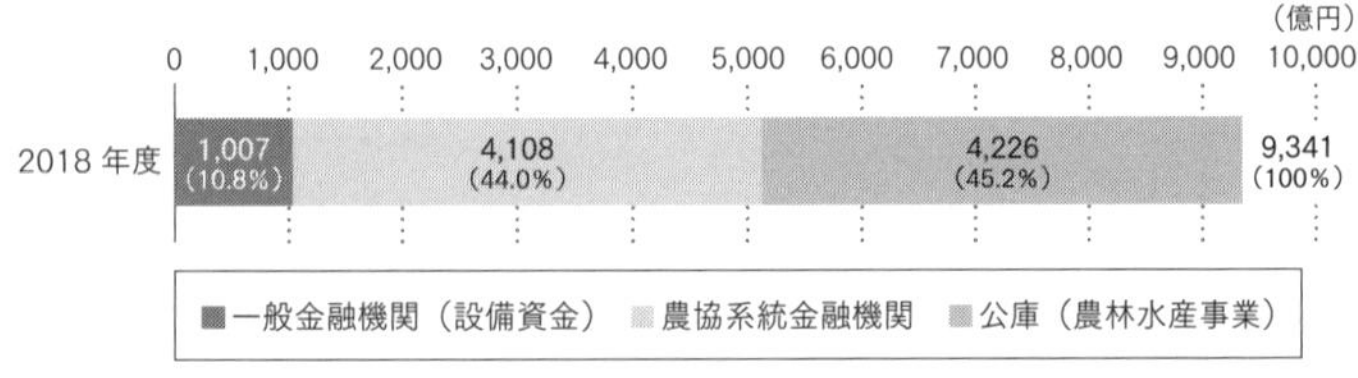

図 4-3　農業向け新規貸付額に占める金融機関別割合
一般金融機関（設備投資）には林業向け融資を含む。農協系統金融機関は長期貸付のみの数値。公庫（農林水産事業）のうち、1,125 億円は農協系統金融機関への委託貸付。
出典：農林水産省「令和元年度食料・農業・農村白書」より日本政策金融公庫作成

が見られます。

日本公庫農林水産事業は、民間金融機関に対して、農業版のスコアリングモデル（過去の貸出データに基づいた倒産確率を算出するモデルのこと）である農業信用リスク情報サービスや信用補完のサービスを提供し、また産業としての地域農業を理解するための研修・勉強会・人事交流などを通じて、農業融資に参入しやすい環境をつくってきました。さらに二〇一八年からは日本公庫全体の方針として、一定額以上の融資に当たっては原則として民間金融機関（農協系統金融機関を含む）と協調して融資することとしています。

2　農業のホワイト化のための公庫の取組み

■持続的な発展を支えるリスクを取った積極的な融資

日本公庫農業融資は、農業基盤整備や共同利用設備への融資が中心だった時代と異なり、農業経営体の経営発展のための融資が中心となりましたが、日本公庫は、株式会社の形態となった今でも「国の政策の下、民間金融機関の補完を旨として」政策金融を実施する国の政策実施機関であることに変わりありません。

農業経営体向け融資について政策金融機関には、その経営体の将来にわたる持続的発展を第一に考え、民間金融機関では取りにくいリスクも引き受けながら融資を行うことが求められます。

このため、最近では、無担保・無保証の融資の割合が高くなっているほか、これまでの事業実績や現在の財務内容だけにとらわれず、農業経営体の経営戦略や経営者の経営能力、農業をめぐる様々な環境変化など総合的に事業性を評価して融資する姿勢になっています。

また、新規就農者向けの融資や、大規模災害やコロナ禍などで影響を被った方向けのセーフティネット融資など信用リスクが高くなりがちな融資にも積極的に取り組んでいます。

農業経営体向け融資の割合が小さかった昔の農林漁業金融公庫の時代を知る人から、公庫は敷居が高いだとか、担保徴求が厳しくて借りにくいといったことをお聞きすることがありますが、今はまったく様変わりしています。

このようにして、特にこの十数年、積極的な投資により経営発展しようとする農業経営体に適切なリスクを取りながら融資してきた結果、現在では、融資先のうち売上高一億円以上の農業経営体が六〇〇〇先ほど、三〇〇〇万円以上が二万先ほどあり、農林業センサスの統計から推計すれば、一億円以上の経営体の八割程度、三〇〇〇万円以上の経営体の五割程度が日本公庫を利用しています。

この十数年で、規模拡大、スマート農機の導入、付加価値向上などのために思い切った投資を行って飛躍的に経営発展してきた農業経営体の多くが公庫資金を活用しています。

さらにその過程で、融資後のフォローや破綻した案件の分析、第2章で触れた、新規就農者向け資金融資先の五年後の経営内容の調査や事業承継に係る調査、第3章で示した農業経営部門別決算動向調査などを通じて、**農業経営体の経営状況や課題の把握に係るノウハウを蓄積し、リスクを取って融資を行っているわりに貸倒の発生などは比較的少なく推移**してきました。

■アドバイザー、商談会、輸出支援、情報提供の実施

日本公庫農林水産事業では、金融支援以外にも農業経営の発展・改善に資する取組みを行っています。

二〇〇五年には、「農業の特性を理解している税務、労務、マーケティングなどの専門家によるアドバイスが欲しい」といった農業者からの要望に応え、「農業経営アドバイザー制度」を創設し、二〇二〇年三月現在で四四〇〇人の税理士、中小企業診断士、社労士、普及指導員、民間金融機関職員等がアドバイザー資格を保有しています。さらには、より高度な経営課題に対応し、指導的な役割を担う上級農業経営アドバイザーの資格も創設し、現在七七人が活躍しています。

二〇〇六年からは、販路拡大を目指す農業者や食品企業などとバイヤーをつなぎ、ビジネスマッチングの機会を提供するための、国産農産物にこだわった大規模な展示商談会「アグリフードＥＸＰＯ」を東京

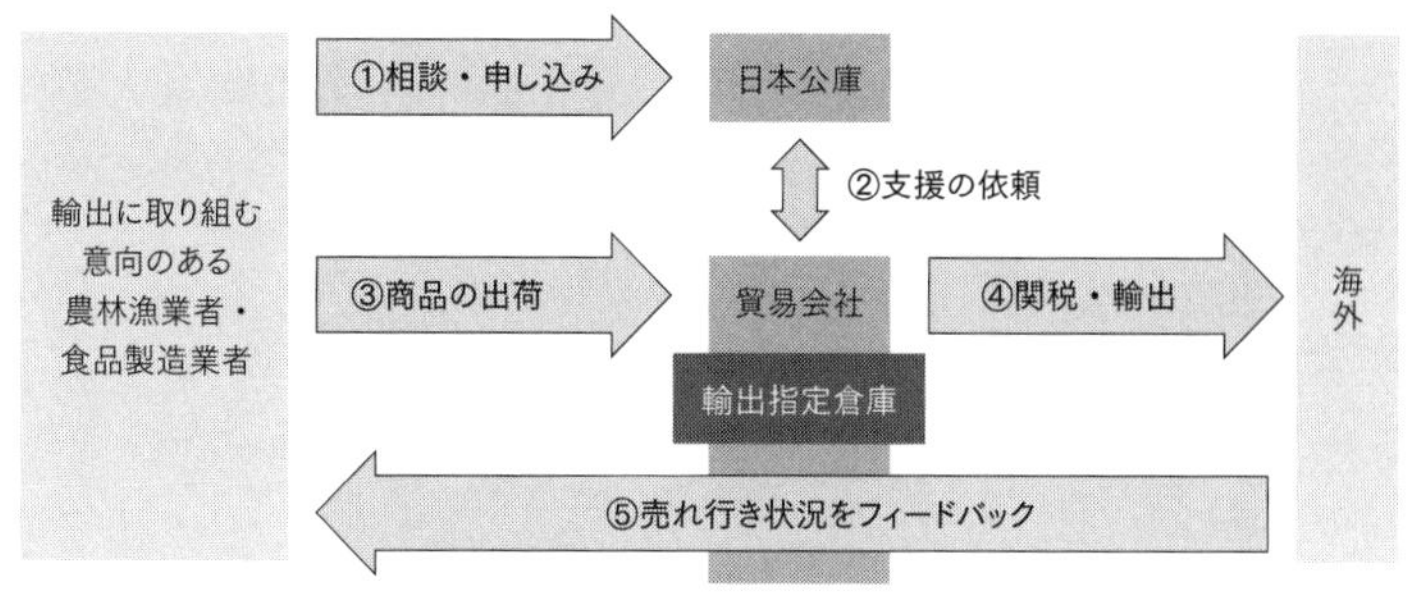

図 4-4 トライアル輸出支援事業のスキーム図
出典：日本政策金融公庫「農林水産事業のご案内 2020」

と大阪で開催しています（コロナ禍により大規模イベントの開催自粛が求められた二〇二〇年度は、オンラインによる開催でした）。

二〇一六年には、初めて農産物の輸出に取り組む農業者に対して、国内外の貿易会社と提携し、輸出事前準備、輸出手続き、輸出先での売れ行き状況のフィードバックなどを行う「トライアル輸出支援事業」を開始しました（図４－４）。その後、ＪＥＴＲＯや農林水産省が行っているＧＦＰ（農林水産物・食品輸出プロジェクト）とも連携し、準備段階、お試し段階、本格化段階といった各ステージに応じた支援を行っています。

また、農業経営者が必要とする、政策情報、同業者の取組みの情報や自分の専門分野以外も含めた業界情報を提供するため、月刊誌ＡＦＣフォーラム、季刊のパンフレットを発行しているほか、お客様のニーズに即した情報の提供を行っています。

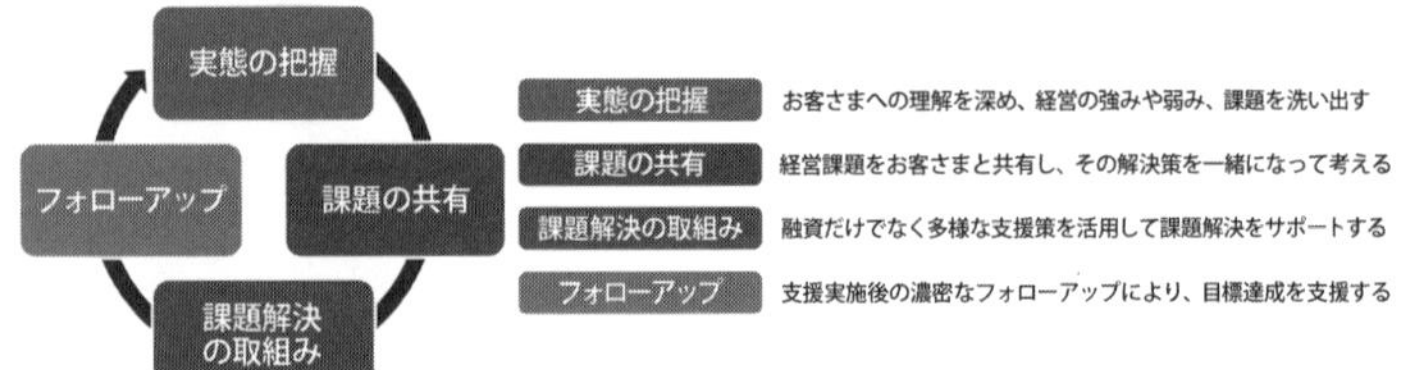

図 4-5　コンサルティング融資活動の概要
出典：日本政策金融公庫「農林水産事業のご案内 2020」

■農業者に伴走型で支援するコンサルティング融資活動を本格化

第2章で述べたように、現在の農業従事者の四割は一〇年後までに高齢によりリタイアすることが見込まれます。したがって、農業が将来にわたって持続的に発展していくためには、この一〇年間に、リタイアされる方の農地などの農業経営資源を引き継いで営農してくれる、西部開発農産や、赤城深山ファームのようなホワイト化した経営体を地域においてしっかりと育成・確保していく必要があります。

一方で、第3章でみたようなすでにホワイト化した農業経営体が各地に増えてくる中、デジタル化をはじめとした経済社会の変化のスピードが増し、農業経営の課題は一層高度化、複雑化しています。

こうしたことを踏まえて、**日本公庫農林水産事業では、二〇一九年から、お客様の経営の実態を把握し、経営課題を洗い出して共有し、その解決策を一緒に考えながら、関係機関と連携しながら融資や非金融サポートにより課題解決を伴走型で支援する「コンサルティング融資活動」を開始し、二〇二〇年度から本格的に進めています**（図4－5）。

これは、平成年間において、農業経営体向け融資により蓄積されてきた農業経営体の経営状況や課題の把握に係るノウハウを活用しながら、政策金融機関という公的組織の特性を活かした国や農政関係機関との連携により、農業経営体の経営発展を支援するもので、本来、日本公庫農林水産事業に求められるものだと思います。

非金融サポートは、上記の公庫自らが行う取組みはもちろんですが、公庫は専門家や関係機関と農業経営体とをつなぐ役割を担い、具体的支援はこれら関係機関に担っていただくことも想定しています。

このため、農業経営アドバイザーのネットワークや、日本公庫の国民生活事業や中小企業事業が活用している商工会・税理士等のネットワーク、農産物販路開拓支援で築いてきたマーケティングの専門家等の力を借りるサポート事業を実施しています。

これを本格的に機能させるには、公庫自身が、最新の技術動向、業界動向や政策情報を理解した上で、農業経営体の現状・課題を的確に把握する能力を向上させる必要がありますし、課題解決に向けた専門家・関係機関とのネットワークを太く広いものに強化していく必要があります。

この意味で、コンサルティング融資活動の趣旨や内容について、国、都道府県、農協系統組織、民間金融機関、研究機関、農業支援サービスを行う民間企業など、農政・農業に関わる方々にもっともっと知っていただかなければならないと考えています。

■農業経営の発展のため国の重要政策と連携

コンサルティング融資活動は、それぞれの農業経営体の現状と課題を踏まえたオーダーメイドの経営支援ですが、農業をめぐるデジタル化・グローバル化といった環境変化に対応して経営発展・改善を図るという意味で、国が進めている重要政策課題である農産物輸出産地の形成や、スマート農業の取組みにも呼応したものとする必要があります。

二〇二〇年一二月に公表された農産物輸出拡大実行戦略については、その額の拡大ばかり注目されますが、これを農業経営の発展・改善につなげることが重要であり、増産をしないで国内向けのものを海外に出していたのでは収益力の向上につながらないことから、海外農産物需要に対応したマーケットインによる海外向け生産体制整備が、農産物物流の抜本的体制強化と並んで重視されています。

また、スマート農業の推進に当たっても、省力化になっても高額機械の導入で収益が低下したのでは本末転倒との問題意識を持ち、トータルとしての生産性向上につながらなければ意味がないという発想になっています。

このように国の重要政策が、農業経営の観点を重視するようになってきていることを受けて、これをコンサルティング融資活動につなげていくことが重要であり、実際、農産物輸出促進に当たっては、国の補助事業と日本公庫の融資制度を連携させる取組みを始めています。

今後、農業分野における地球温暖化対応、温室効果ガス削減、生物多様性確保といった地球環境をめぐる課題も重要政策課題として取り上げられることになると思いますが、これも成果を上げるには農業経営を起点とした発想が求められるはずですので、しっかりと連携していく必要があります。

■事業承継問題の解決策は、経営資源承継とホワイト化の同時並行

農業の持続的な発展のためには、これらのフラッグを立てた政策課題と同等以上に重要な課題が事業承継です。

繰り返し述べているように、この一〇年間で、しっかりとホワイト化した経営体が、大量リタイアする方の農業経営資源を承継する必要があります。このため、事業承継、経営資源承継を、コンサルティング融資活動の重点取組みの一つに位置づけています。

事業承継の問題は、一般の中小企業においても、ここ五年ほどの間で重要かつ喫緊の政策課題となっていますが、農業の事業承継とは課題や焦点が少し違います。

中小企業の事業承継の議論は、経営内容が良かったり、その企業が地域産業において重要な位置を占めていたり、地域住民からなくなったら困る・もったいないと思われる企業の中にも、後継となる経営者がいないため廃業せざるを得ない状況になっており、それは日本経済、地域経済にとって損失なので、その企業本体や事業、技術などについて残すべきものを残そうという問題意識の上に立っています。

これに対して農業では、そもそも経営内容が悪くて継ぎたくても継ぎようのない農業経営体が今後大量に出てくるが、これを放置したら農地は荒れ、農村の人口はさらに減少して地域の存続も危うくなる、さ

てどうしよう?という問題意識の方が多いように思います。

おそらく一般の中小企業の世界ならば、残すべきものを残すことに全精力を傾けるべきだということになると思いますが、農業ではそれだけではすまないから難しいのです。

第2章で示したように、農業経営体の中でも公庫資金の利用者は他産業並み以上に後継者が確保されています。しかしながら、後継者がいる経営体でも円滑な承継には様々な課題がありますし、いない経営体でも立派な経営資源を持っているケースが大半ですので、これを良い形で承継させる必要があります。

このため、日本公庫農林水産事業では、そろそろ事業承継を考えた方がよいと思われるお客様に対して意向を確認したり、事業承継の形態や段階に応じた情報（税制、補助制度、農地法制等）の提供、税理士など専門家や関係機関の紹介・派遣、資金の供給などを行っています。

また、後継者が見つからない場合には、その経営資源が円滑に承継されていくよう、規模拡大や農業参入をしようと考えている方にその経営資源を引き受ける意向があるか尋ねる「経営資源マッチング」の取組みも行っています。

これは、農業経営資源を棄損させないという点と、受け手の経営発展を後押しする点で一挙両得の結果をもたらすものです。農業経営が悪化して損失が拡大する前に廃業したい意向を持つ法人経営体については、M&Aにより、設備・家畜等のみならず職員も含めて継承するケースもあります（図4-6）。

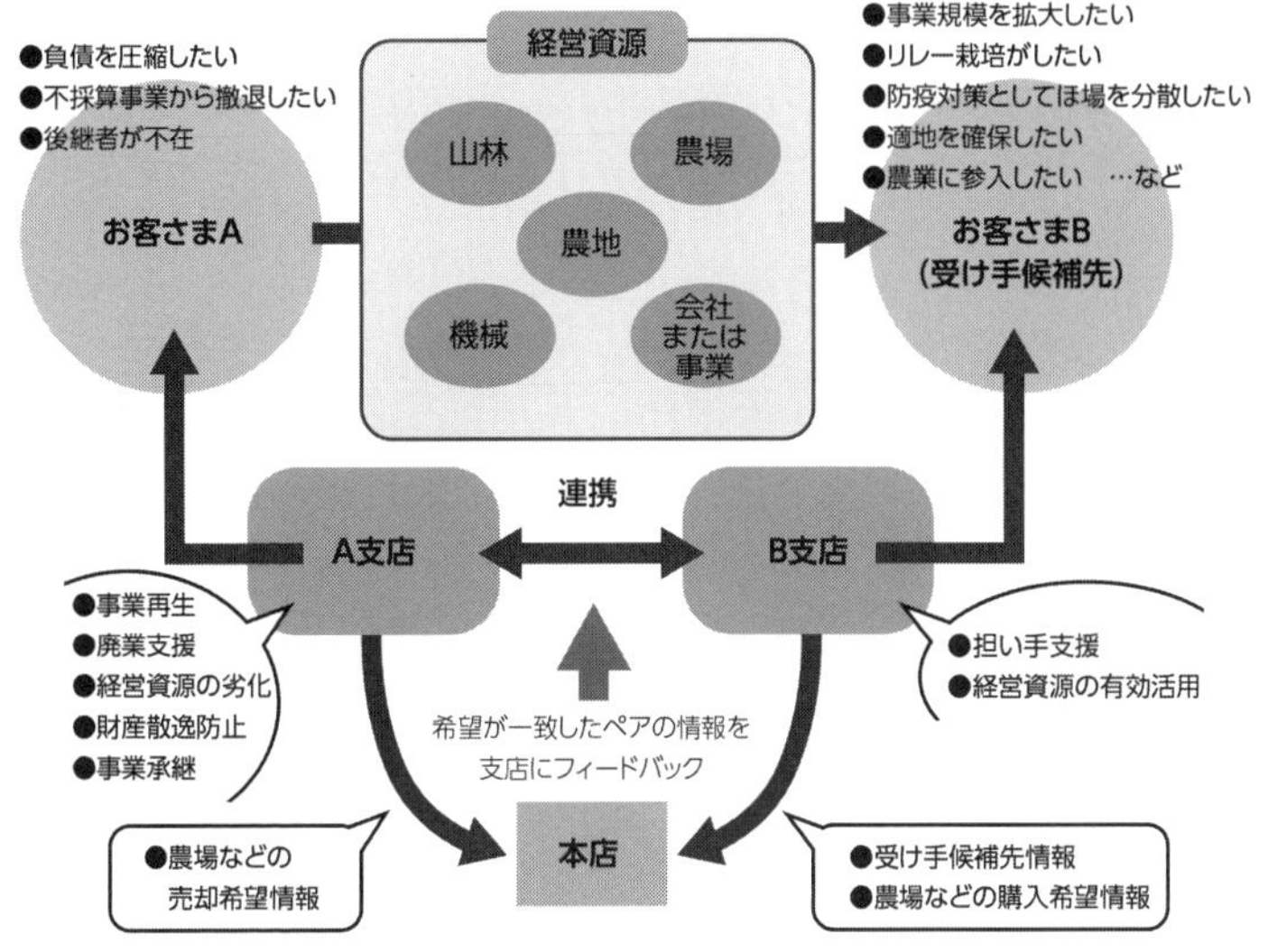

図 4-6 経営資源マッチングの概要
出典：日本政策金融公庫「農林水産事業のご案内 2020」

北海道では、主に酪農を対象に、道が仲介役となって経営資源承継を支援しており、公庫は農協系統とともにこれに連携するという形で実施しています。

公庫資金の利用者であれば、経営悪化で後継者がいない場合でも、農業で生計を立ててきた方なので、まとまった良質の経営資源を持っていることが多く、地域外の経営体とのマッチングが成立することも可能ですが、副業的農家が耕作していた農地などでは、そもそも細切れな農地など経営資源の質も高くないケースも多く、近隣に経営余力のある農業経営体がいないと引き受け手もなく、地域の関係者が相当な努力をしないと耕作放棄地となってしまいます。

つまり、**農業の場合は、事業承継問題の解決には、他産業と同様の良質の経営資源を承継す**

る取組みと、ホワイト化した経営体を増やす取組みとを同時に行うことが必要なのです。

3　コロナ禍における公庫の取組み

■新型コロナウイルス感染症への対応

このように、日本公庫農林水産事業では二〇二〇年をコンサルティング融資活動を本格化させる年と考えていたのですが、日本のみならず世界中の経済社会を大きく揺るがす事態が発生してしまいました。新型コロナウイルス感染症の感染拡大です。

農業分野においても、まずインバウンドの消滅による外食需要、特に外国人が好んで食べる高級牛肉の需要の急減、同年三月からの全面休校に伴う学校給食休止による飲用乳需要の急減、次いで、四月からの緊急事態宣言発令に伴う観光農園の業務停止や、観光、サービス産業の停止に伴う土産品・旅館飲食・外食の需要の急減等による業務用農産物需要の減少などが生じました。

中には一時的な影響にとどまったり、国の政策支援によって大きな打撃が継続しなかったものもありましたが、日本公庫が毎年実施している農業景況調査によると、二〇二〇年通年でみると大幅なマイナスとなりました。

特に、イベント中止や葬儀の簡略化に伴って需要が減退した「施設花き」、外食需要や出勤抑制に伴うペットボトル需要が減退した「茶」、インバウンド需要が消滅した「肉用牛」、外食など業務用需要が減少した「採卵鶏」の景況感が悪化しました。このうち、肉用牛以外は、もともと需給バランスが崩れて景況感が悪かったところに、一層の打撃となりました（図4－7）。

国では、経営継続補助金、中小企業持続化給付金、感染防止対策、販路拡大等の支援策を講じてきましたが、日本公庫においても、一時的な収入の減少により資金繰りが必要となった農業者等に対して無利子のセーフティネット資金を二〇二〇年度通年で約二六〇〇億円提供し、農業経営を支えてきました。

特に、二〇二〇年の春から夏にかけて、国の施策が実施されるまでの間は、四月から八月までで一七〇〇億円のセーフティネット資金を融資するなど公庫融資が農業経営支援策の中心的な役割を担っており、また、経営継続補助金の実施を支援するなど、政策金融機関の最も重要な役割であるセーフティネット機能の発揮に全力を傾けてきました。

業種別では、やはり「肉用牛」「花き」関係の融資が多く、また、観光農園やレストラン、土産品の加工など六次産業化に取り組む農業者から多くの借入相談を受けました。

コロナ関係の融資に当たっては、通常時以上に農協系統金融機関や地域金融機関などとの連携・協力が密接に図られました。

業種	2019年実績		2020年実績		2021年見通し
農業全体	6.0	↘	▲24.9	↘	▲32.4
稲作（北海道）	26.5	↘	▲3.6	↘	▲61.6
稲作（都府県）	11.4	↘	▲33.4	↘	▲43.8
畑作	31.6	↘	▲32.3	→	▲34.1
露地野菜	▲9.3	↘	▲32.8	→	▲35.2
施設野菜	▲22.4	↘	▲28.1	↗	▲24.3
茶	▲53.1	↘	▲78.0	↗	▲47.4
果樹	7.5	↘	▲16.8	↘	▲21.8

業種	2019年実績		2020年実績		2021年見通し
施設花き	▲20.2	↘	▲40.2	↘	▲49.4
きのこ	▲23.2	↗	3.0	↘	▲13.4
酪農（北海道）	30.3	↘	▲19.3	→	▲19.3
酪農（都府県）	8.4	↘	▲16.4	↗	▲3.4
肉用牛	▲0.2	↘	▲43.9	↗	▲12.4
養豚	▲4.1	↗	44.3	↘	▲2.0
採卵鶏	▲38.9	↘	▲43.8	↗	▲29.1
ブロイラー	14.7	↘	6.4	↘	▲8.9

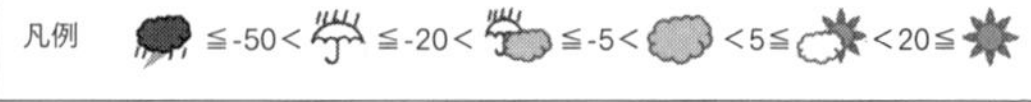

図 4-7　農業の景況について（天気図）

調査様式：農業経営の業況は、1：良くなった、2：変わらない、3：悪くなった
2021 年の経営見通しは、1：良くなる、2：変わらない、3：悪くなる
注 1：DI（Diffusion Index ＝動向指数）について。DI は、前年と比較して、「良くなった」の構成比から「悪くなった」の構成比を差し引いたもの。
注 2：DI 値に 2.5 以上の差異がある場合は上向きまたは下向き矢印。2.4 以下の場合は平行矢印。
出典：日本政策金融公庫「農業景況調査（2021 年 1 月）」

■コンサルティング融資活動をフル回転へ

第3章で挙げた優良な農業経営体の中にも、コロナ禍によって大きな打撃を受けたところがあります。こういった農業経営体については、現状を正しく把握して、それぞれの実情に応じて再建に向けた取組みを進めることが必要です。

また、そこまで大きな打撃を受けなかった農業経営体についても、消費動向など農業をめぐる環境がコロナ禍を境に大きく変化したり、これまでも進行していた社会経済情勢の変化が顕在化したりしたことに、的確に対応していくことが必要となっています。

こういったことを踏まえて、日本公庫農林水産事業では、お客様である農業経営体の経営の現状を業界平均と比較分析する経営診断ツールなどを用いて課題の把握と共有を急ぎ、伴走型で課題解決を支援するコンサルティング融資活動を業務運営の中心に据えて加速化させています。

新型コロナ感染症の影響が長期化する中で、食品需要にも変化が生じました。居酒屋形態を中心に外食需要が減退する一方で、家庭内需要、いわゆる巣ごもり需要が増大し、スーパーマーケットやネット通販での食品売上げが記録的な伸びを見せ、テイクアウト・デリバリー需要も増加しています。これに加えてテレワークやリモート学習の活用により家庭滞在時間が伸びたこともあって、男女を問わず家庭で調理する機会も増加しましたが、コロナ発生一年も経つと、家庭内調理も簡便化を求めるようになり、ミールキットなどの売上げが急速に伸びています。外食産業では消毒・マスク着用の徹底や客間の距離の確保に加えて、飛沫防止フェンスや換気装置の設置などに取り組んでいます。

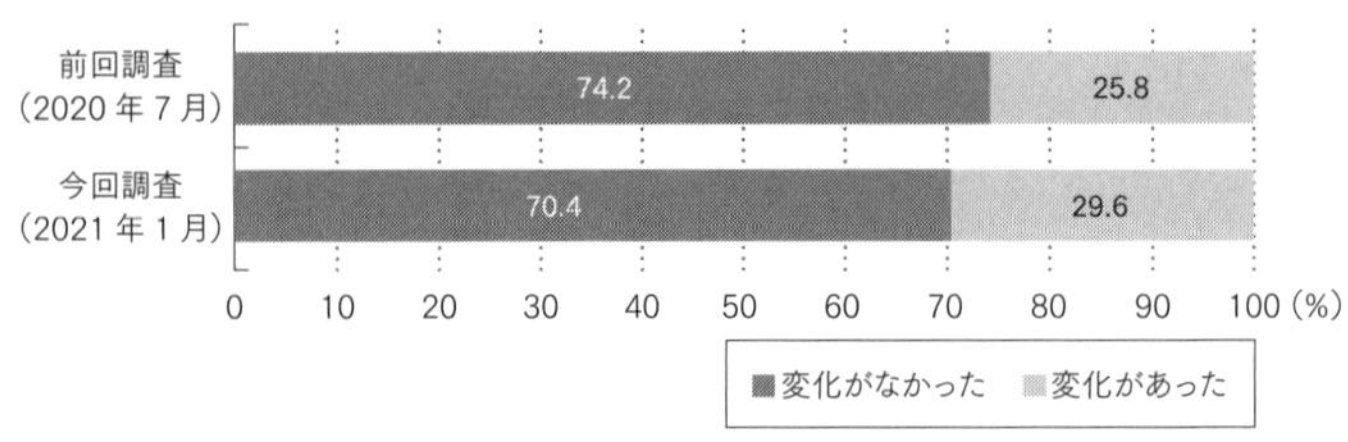

図 4-8　新型コロナウイルス感染症の拡大による食品購入方法の変化
出典：日本政策金融公庫「消費者動向調査（2021 年 1 月）」

食品産業に携わる方は、このような、食に関わるＷＩＴＨコロナの動向は、感染が収束してもしばらくは継続するし、その後も完全には元に戻らないだろうと言います。

このような動向は、二〇二一年一月に日本公庫が行った消費者動向調査からもうかがえます（図４－８、図４－９、図４－10）。

農業においても、このＷＩＴＨコロナの食品消費動向を踏まえた対応が必要であり、例えば供給先を外食産業に頼っていた農業者は、その一部をスーパーやネット通販に変えることが必要になります。

日本公庫では、こういった新たな販路の開拓が必要なお客様と、バイヤーや小売店などとをつなぐ「販路マッチング支援」を実施しています。その取組みを進める中で、外食向け等業務用需要（ＢｔｏＢ）では不要とされる包装やパッケージデザインは、スーパーなどに卸すＢｔｏＣでは消費者に商品を手に取ってもらうために重要であるといった、当然のことにも気づかされました。

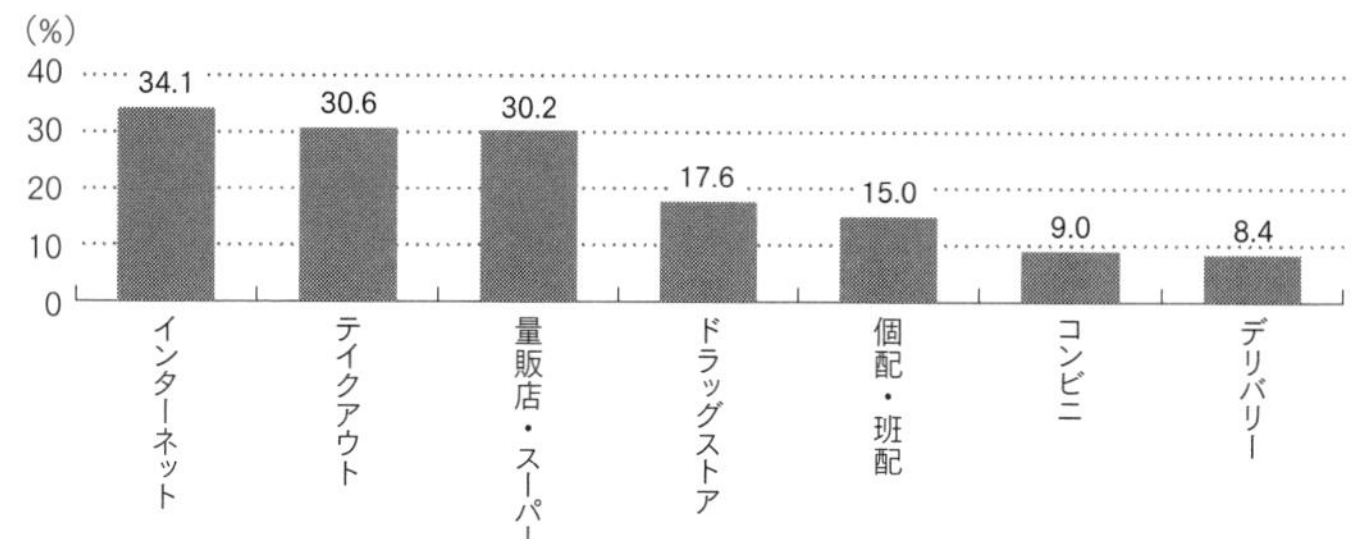

図 4-9 「変化があった」のうち利用する機会や量が増加した購入方法（複数回答３つまで）

出典：日本政策金融公庫「消費者動向調査（2021 年 1 月）」

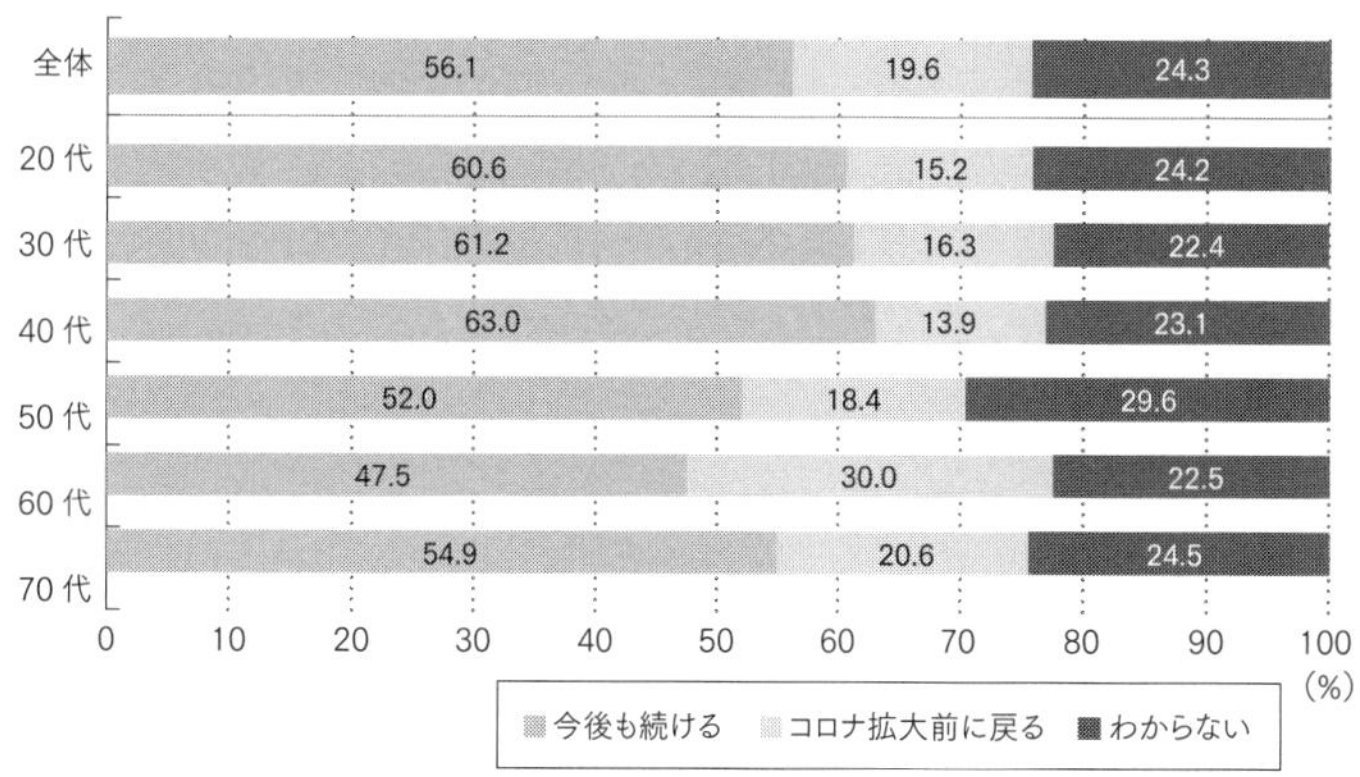

図 4-10 コロナ禍の影響により利用が増えた購入方法は収束後にどうするかの年代別調査

出典：日本政策金融公庫「消費者動向調査（2021 年 1 月）」

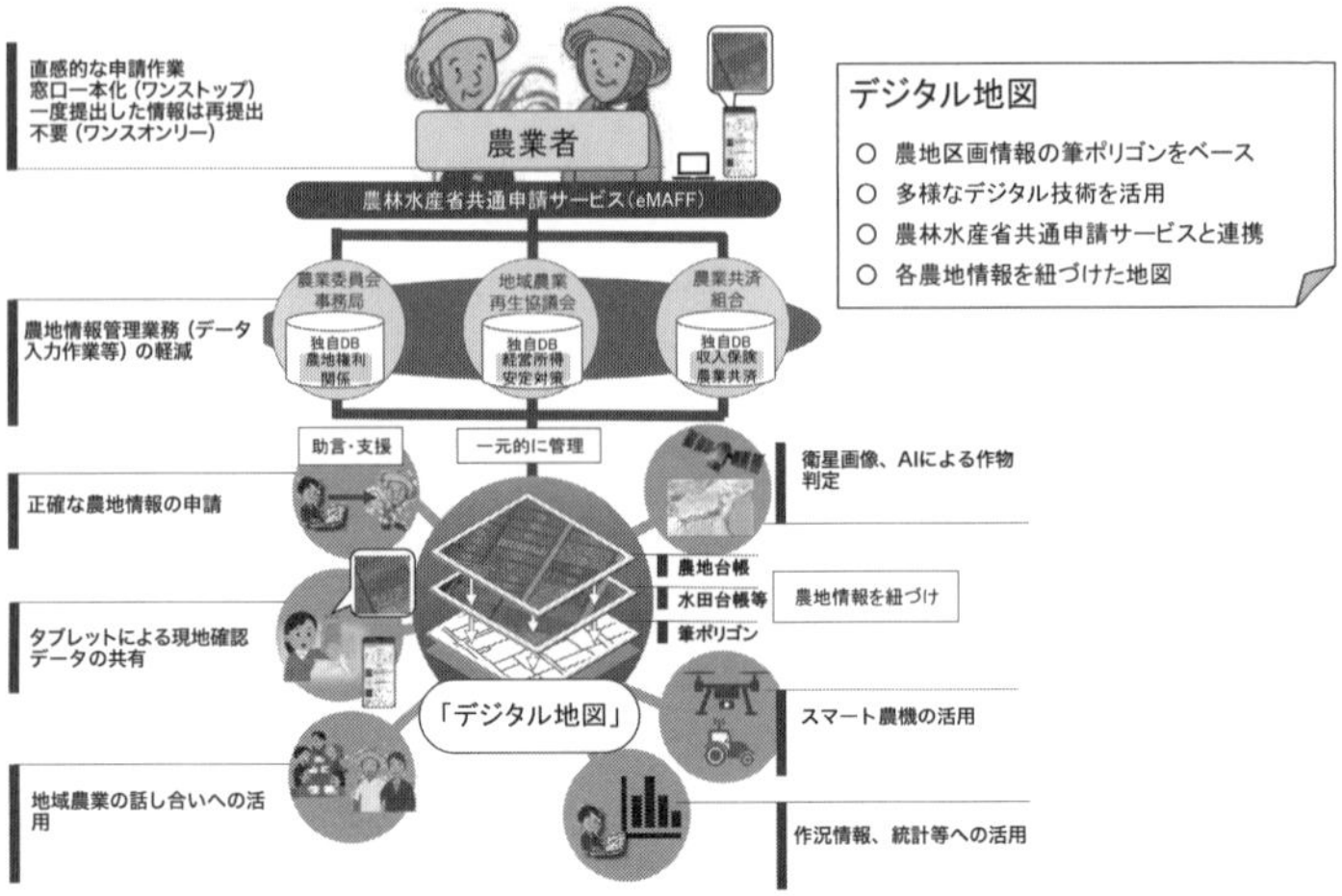

図 4-11　eMAFF とデジタル地図を活用した農地情報の一元化管理
出典：農林水産省　農業 DX 構想～「農業×デジタル」で食と農の未来を切り拓く～資料

■ポストコロナへの対応1　デジタル化、農産物輸出拡大

また、このコロナ禍を通じて、進行していた社会変化が一気に加速して顕在化したとも言われます。

デジタル化の波は、ロボット化、ITによる経営管理ツールの導入などの形で農業分野にも及んでいることを第3章でも少し紹介しましたが、こうした農業現場のデジタル化の動きが加速するとともに、農政当局も、農地情報に権利関係・作況情報・経営情報などの情報を連携させたデジタル地図の開発や、補助金や許認可の申請を手軽にネットでできる共通申請サービス（eMAFF）の導入を図っています（図4－11）。

日本公庫も二〇二〇年秋に全職員にモバイル端末が配布され、これを利用してお客様の在所で収

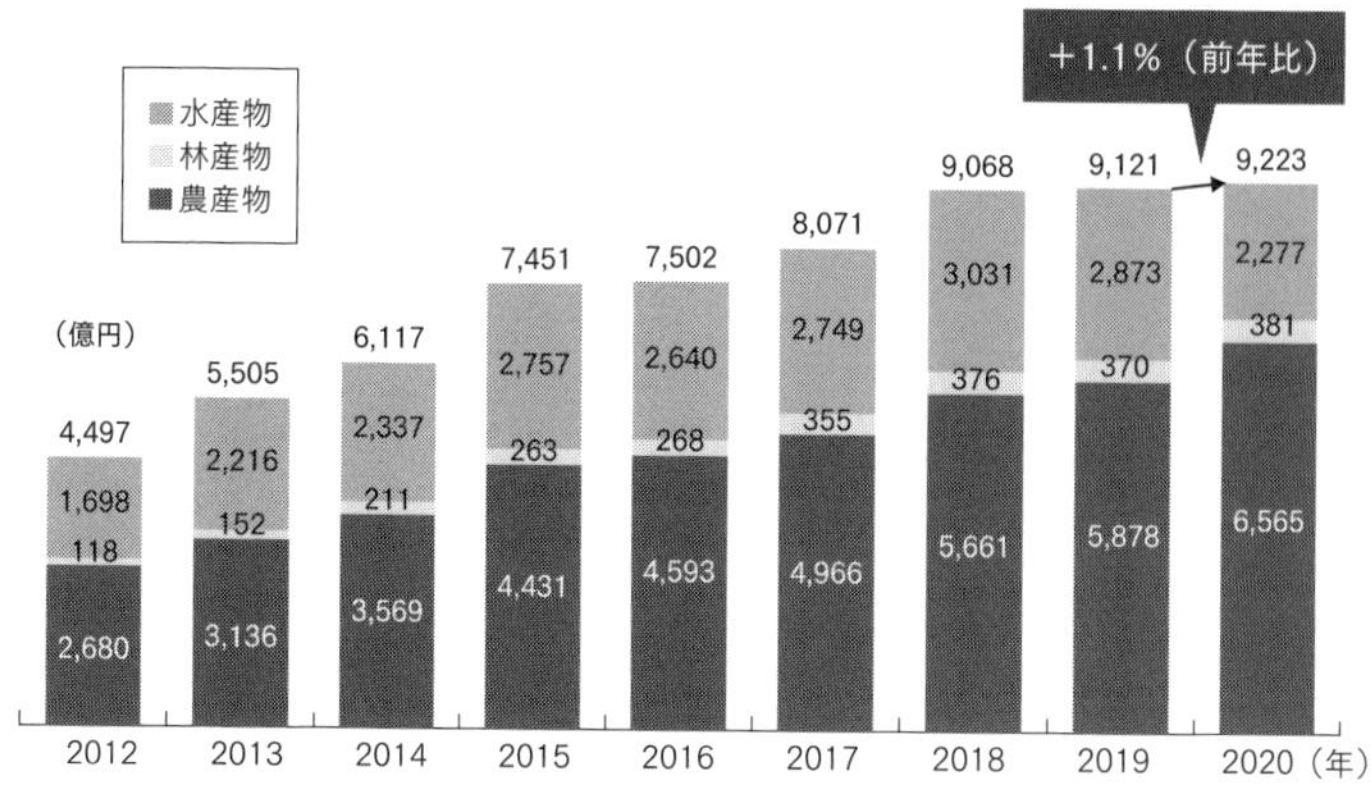

図 4-12　農林水産物・食品輸出額の推移
出典：財務省「貿易統計」をもとに農林水産省作成

支計画シミュレーションなどをしたり、先行して最新技術を導入しているお客様の取組みを他のお客様がリモートで視察したりするなど、コンサルティング融資活動に活用し始めました。今後は、最新のスマート農業の技術を農業経営に最適化させるべく関係者と連携して検討を進めるとともに、デジタル技術を活用してコンサルティング融資活動の高度化・効率化を図ることが必要です。

また、インバウンドは激減しましたが、欧米諸国の経済低迷や世界的な貿易量の減少にもかかわらず、農産物の輸出は二〇二〇年も拡大しました（図4－12）。

二〇二一年に入って米国、中国などの経済情勢が上向きになると、農産物輸出は一層増加の度を増しています。

一方、国内食料消費市場は、その結果は二年後にならないと明らかにはなりませんが、インバウンド需要を含めた付加価値の高い外食市場の低迷や、一層の高齢化・人口減少の進行により二〇二〇年は相当に縮小し、その後も元の水準に回復することは見込みがたいと思われます。

こうしたことを背景に、国では、農産物・食品の輸出の拡大を農業の成長戦略の最重点事項と位置づけて、二〇二〇年一二月に「農林水産物・食品の輸出拡大実行戦略」を策定し、マーケットインの発想に立った「輸出産地」の形成、輸出物流拠点、海外での販売力強化、輸出に係る障害の除去などを官民挙げて取り組んでいます。

日本公庫においても、農産物・食品輸出の拡大を農業経営の発展につなげることができるよう、国やJETROとの連携を強めています。

■ポストコロナへの対応2　ホワイト化の加速化

コロナ禍により、農業も大きな打撃を受けたことは図4-7で示したとおりですが、それにもかかわらず**公庫農業融資の利用者の設備投資意欲はむしろコロナ以前よりも高く**、過去最高だった二〇一七〜一八年に迫る勢いとなっています（表4-1）。

一方、コロナ禍により二〇二〇年は技能実習生の来日が困難になり、春から夏にかけて農業労働力の不足に陥りましたが、その後、労働需要が減少した飲食業や観光・交通関係業界などの人手を借りて極端な不足状況が解消し、また、二〇二〇年度の就農希望者向け相談会への来場者数も九月以降増加するなど、

表 4-1　設備投資予定ありの比率（各年 1 月調査の結果）

今回調査

	2010	2011	2012	2013	2014	2015	2016	2017	2018	2019	2020	2021
農業全体	-	33.1	37.3	42.0	39.5	34.5	43.6	51.8	46.6	44.3	44.3	46.1
稲作（北海道）	-	33.5	45.3	48.8	39.7	26.1	44.1	48.6	45.2	41.0	43.2	42.3
稲作（都府県）	-	35.0	45.7	50.9	46.1	32.5	45.1	53.5	49.8	47.0	49.1	51.2
畑作	-	38.6	40.3	46.6	37.6	37.2	50.1	54.1	53.2	49.7	53.1	52.7
露地野菜	-	35.2	36.8	41.3	41.1	34.8	41.9	50.8	44.6	43.8	38.1	43.1
施設野菜	-	32.7	34.9	36.8	35.8	34.6	38.6	46.3	40.2	38.0	33.3	35.7
茶	-	30.7	31.1	35.9	32.2	30.3	28.2	45.7	40.5	40.7	31.2	35.1
果樹	-	29.7	30.3	39.9	33.6	31.7	38.2	45.5	33.5	35.2	34.2	42.4
施設花き	-	21.2	29.9	29.4	27.7	26.3	28.1	41.1	30.8	28.8	35.4	38.4
きのこ	-	27.7	25.5	28.7	43.0	36.6	44.9	47.3	43.2	51.9	36.8	50.7
酪農（北海道）	-	23.9	24.7	32.0	27.8	36.4	42.0	53.7	46.1	44.3	43.7	40.8
酪農（都府県）	-	36.2	34.0	34.3	35.9	42.8	38.3	58.0	49.4	48.4	42.2	45.1
肉用牛	-	28.4	30.8	37.8	36.5	41.1	49.9	56.8	46.2	45.1	48.5	42.0
養豚	-	36.4	38.4	36.2	49.3	55.9	54.4	62.1	58.0	45.5	50.2	54.0
採卵鶏	-	40.0	38.3	27.8	39.8	46.5	54.0	61.3	61.2	44.2	52.4	56.8
ブロイラー	-	45.5	39.1	43.4	38.8	47.8	55.8	59.7	51.8	55.1	58.7	49.4

2020 年と比べた 2021 年の設備投資額の見込み

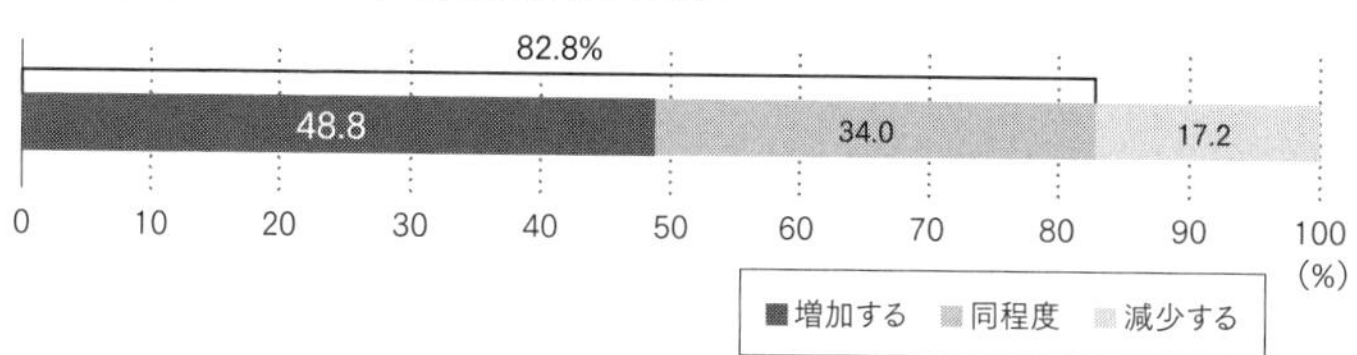

出典：日本政策金融公庫「農業景況調査（2021 年 1 月）」

ホワイト化している農業経営体を中心に状況は改善しつつあるようです。このことは、日本政策金融公庫が二〇二一年一月に実施した農業の雇用状況ＤＩの調査にも表れています（表４－２）。

すなわち、**ホワイト化した農業経営体は、コロナ禍からの再建やさらなる発展を目指して、デジタル化の流れや人手不足の緩和も受けて、生産性の一層の向上に向け設備投資意欲を増している**ことがうかがえます。

日本公庫としても、農業の持続的な発展に向けて、このようなポストコロナの農業現場の動きや国の政策動向などの農業情勢の変化を把握し、それぞれの農業経営体の実態を踏まえたコンサルティング融資活動を進めていく必要があります。

生産性の高い農業経営体の中にも、販路の確保はもちろん、生産資材の調達や栽培する品目・品種も地元の農協が実質的な決定権を持っている場合は少なくありません。すなわち、外から見れば、農協が農業経営を行っており、個々の農業経営体は生産部門長か委託生産者といった立ち位置です。本来の役割である地域農業の振興に格段の熱意を示す農協がある地域、特に伝統的な「主産地」にはこのようなケースが多いと思います。また、今後、輸出産地の形成を進めるとなれば、農協の役割も大きなものとなるでしょう。

こういったケースでは、日本公庫が個別の農業経営体をコンサルティングするよりも、農協と連携して、

表 4-2　雇用状況 DI

	2015	2016	2017	2018	2019	2020
農業全体	▲26.3	▲33.6	▲36.8	▲34.7	▲34.9	▲32.0
稲作（北海道）	▲26.7	▲35.6	▲39.0	▲41.2	▲36.9	▲38.4
稲作（都府県）	▲18.8	▲27.3	▲27.8	▲27.6	▲29.5	▲28.4
畑作	▲33.6	▲40.8	▲45.0	▲40.9	▲42.7	▲37.5
露地野菜	▲34.9	▲41.5	▲43.4	▲36.7	▲38.2	▲36.2
施設野菜	▲24.1	▲30.8	▲33.0	▲30.9	▲30.1	▲24.9
茶	▲26.6	▲30.8	▲37.7	▲40.7	▲39.5	▲29.7
果樹	▲25.6	▲32.0	▲36.8	▲36.9	▲36.0	▲31.6
施設花き	▲26.8	▲31.6	▲34.4	▲31.8	▲29.9	▲26.7
きのこ	▲26.6	▲37.6	▲41.2	▲42.0	▲42.0	▲34.9
酪農（北海道）	▲40.4	▲45.0	▲52.5	▲44.1	▲38.7	▲31.9
酪農（都府県）	▲25.8	▲28.0	▲27.6	▲26.3	▲35.3	▲27.5
肉用牛	▲24.7	▲28.7	▲34.3	▲32.4	▲32.9	▲33.2
養豚	▲35.6	▲44.5	▲44.3	▲32.7	▲29.8	▲26.3
採卵鶏	▲31.0	▲43.2	▲47.4	▲41.1	▲38.9	▲33.3
ブロイラー	▲15.4	▲21.4	▲36.4	▲25.0	▲37.4	▲21.8

出典：日本政策金融公庫「農業景況調査（2021 年 1 月）」

その地域の農業を農協を中心とした一つの経営体とみなして考えたり、農協が農業者に対して行う経営指導に役立つサポートをしたりすることが効果的です。

日本公庫では、このような農協系統との新しい関わり方も含め、効果的なコンサルティング融資活動のあり方を模索しています。

第5章　持続的に発展する農業の未来
――ホワイト化から「風の谷」へ

1　農業の持続的発展のために

■環境面の持続性も必要に

ここまで、農業が将来にわたって持続的に発展していくためには、若者に農業を職業として選択してもらえるようにすること、すなわちホワイト化が必要であることについて説明してきました。

農業のホワイト化が進んできたのは、農業経営者たちの努力がもちろん基本ではありますが、生産性向上に向けた設備投資に係る国の補助制度の充実（畜産クラスター事業や産地パワーアップ事業など）や担い手向け融資に軸足を移してきた日本公庫の積極的な融資姿勢、作況変動や価格変動に対する経営所得安定制度の充実なども背景にあります。農業の持続的発展のためには、今後も、しばらくはホワイト化を後押しする、少なくとも後退させない制度運営が必要だと思います。

図 5-1　SDGs の 17 の目標
出典：国際連合広報センター

これらは、言うまでもなく、高齢者の大量リタイアという現在の農業が直面する現実を受けて、産業としての農業の持続性に焦点を当てたものです。

一方で今日、持続可能な発展と言えば、二〇一五年に国連が提唱した「持続可能な開発目標」（ＳＤＧｓ）が世界共通のものさしとなっています。

ここに掲げられた一七の目標（ゴール）はそれぞれが関連しているので分解して考えられないのですが、農業に直接関係するものとしては、「2　飢餓をゼロに」「8　働きがいも経済成長も」「12　つくる責任つかう責任」「13　気候変動に具体的な対策を」（温室効果ガスの排出削減）「15　陸の豊かさも守ろう」（生物多様性の維持）が挙げられます（図5－1）。

また、各ゴールを実現させるために具体的な一六九のターゲットが定められており、中でも注目すべきは、「2・4　二〇三〇年までに、生産性を向上させ、生産量を増やし、生態系を維持し、気候変動や極端な気象現象、干ばつ、洪水及びその他の災害に対する適応能力を向上させ、漸進的に土地と土壌の質を改善させるような、持続可能な食料生産システムを確保し、強靭（レジリエント）な農業を実践する」という項です。

こういったことを受けて、**食料を生産から消費に至るまでのシステムという視点でとらえ、その持続性の確保を世界的な共通課題として認識する動きが急速に進行しており、二〇二一年の秋には国連食料システムサミットが開催**されます。

国連食料システムサミットにおいては、①質（栄養）・量（供給）両面にわたる食料安全保障、②食料消費の持続可能性、③環境に調和した農業の推進、④農村地域の収入確保、⑤食料システムの強靭化の五つのテーマについて、持続的な食料システムへの転換に資する具体的な行動が議論されるそうです（図5－2）。

この五つのテーマは、食料・農業・農村基本法の基本理念と重なっています。

したがって、基本法の理念を追求することが、国際的に議論される「持続的な食料システム」にもつながるものですが、基本法については、第1章で説明したように、「農業の持続的な発展」が追求すべき基

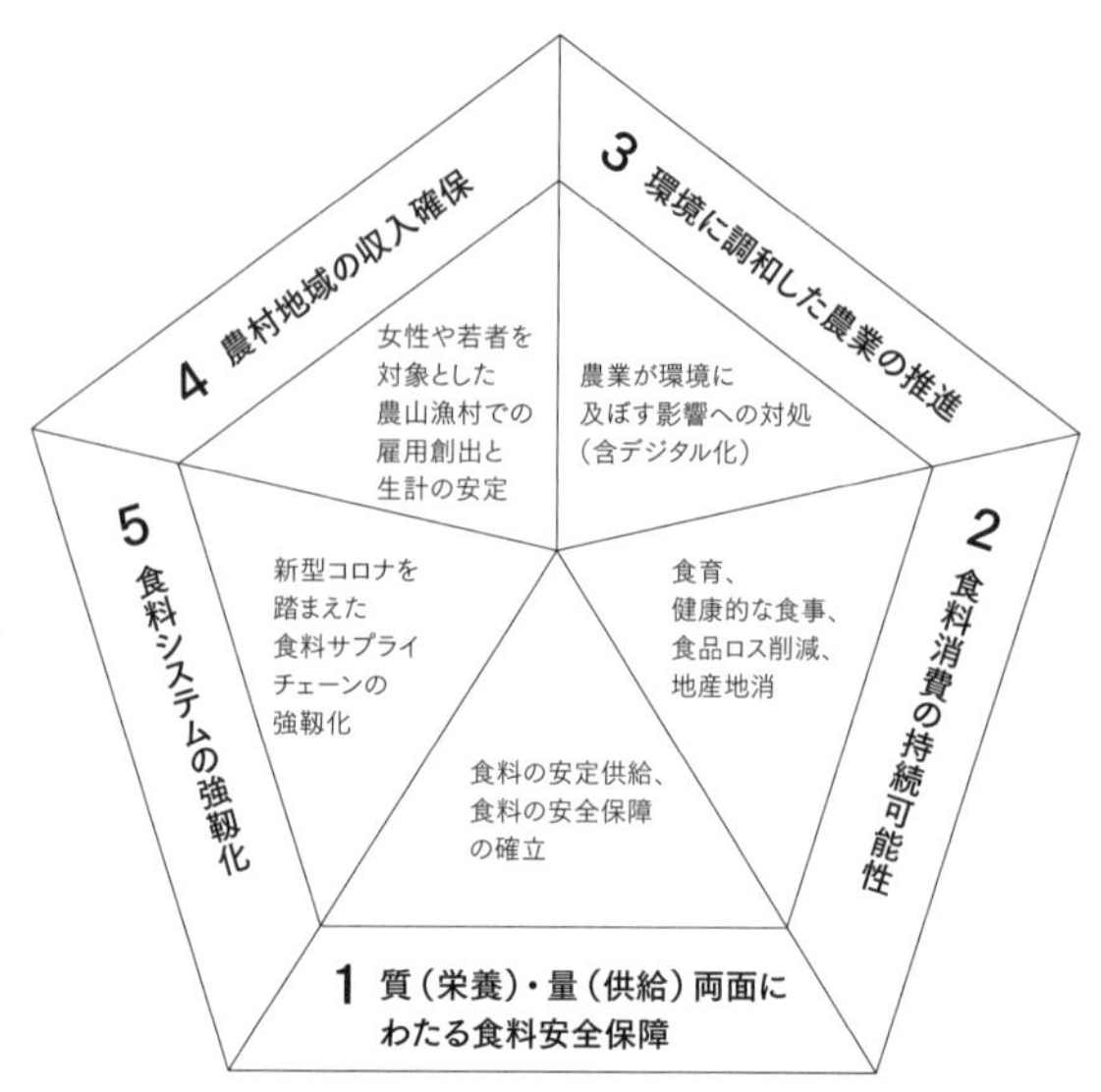

図 5-2　国連食料システムサミットのテーマ
出典：農林水産省作成

本理念の中心です。

基本法第四条（農業の持続的な発展）では、「農業については、（中略）必要な農地、農業用水その他の農業資源及び農業の担い手が確保され、地域の特性に応じてこれらが効率的に組み合わされた望ましい農業構造が確立されるとともに、農業の自然循環機能（農業生産活動が自然界における生物を介在する物質の循環に依存し、かつ、これを促進する機能をいう。以下同じ。）が維持増進されることにより、その持続的な発展が図られなければならない。」と定められ、農業の持続的な発展のためには、「産業としての農業の持続性」と、農業の自然循環機能の維持増進すなわち「農業の環境面での持続性」が並行して追求されるべきものとされています。

「産業としての農業の持続性」については、ホワイト化を図ることが肝であり最大のポイントであることは、ここまで繰り返し述べてきましたが、「農業の環境面での持続性」のポイントは何でしょうか。

基本法では、そのための施策として、第三二条「……農薬及び肥料の適正な使用の確保、家畜排せつ物等の有効利用による地力の増進その他必要な施策を講ずるものとする。」としています。

これを今日的な世界共通語で言えば、「温室効果ガスの排出削減」「生物多様性の維持」など地球環境の保全ということになります。

すなわち、農業の持続的な発展を考える上では、もともと基本法制定段階からそうだったのですが、特に**今後は、農業の産業としての持続性に加えて、環境面での持続性も意識していかなければならなくなる**と考えられます。

■温室効果ガス排出削減のための地域循環型経済——再エネ導入、耕畜連携

まず、温室効果ガス（ＧＨＧ）の排出削減を考えてみましょう。世界全体で見ると、農業・林業その他土地利用からの排出は、排出全体の四分の一を占めますが、日本においては、農林水産分野の温室効果ガスの排出は、全排出量の四％程度にとどまっています。

したがって、日本の農林水産分野の温室効果ガスの排出削減を急に名指しで求められることはないと思いますが、政府が二〇五〇年までに排出実質ゼロ（カーボンニュートラル）を目指すと宣言していることからすれば、少なくとも森林吸収源を除いた排出実質ゼロを期待されるでしょう。

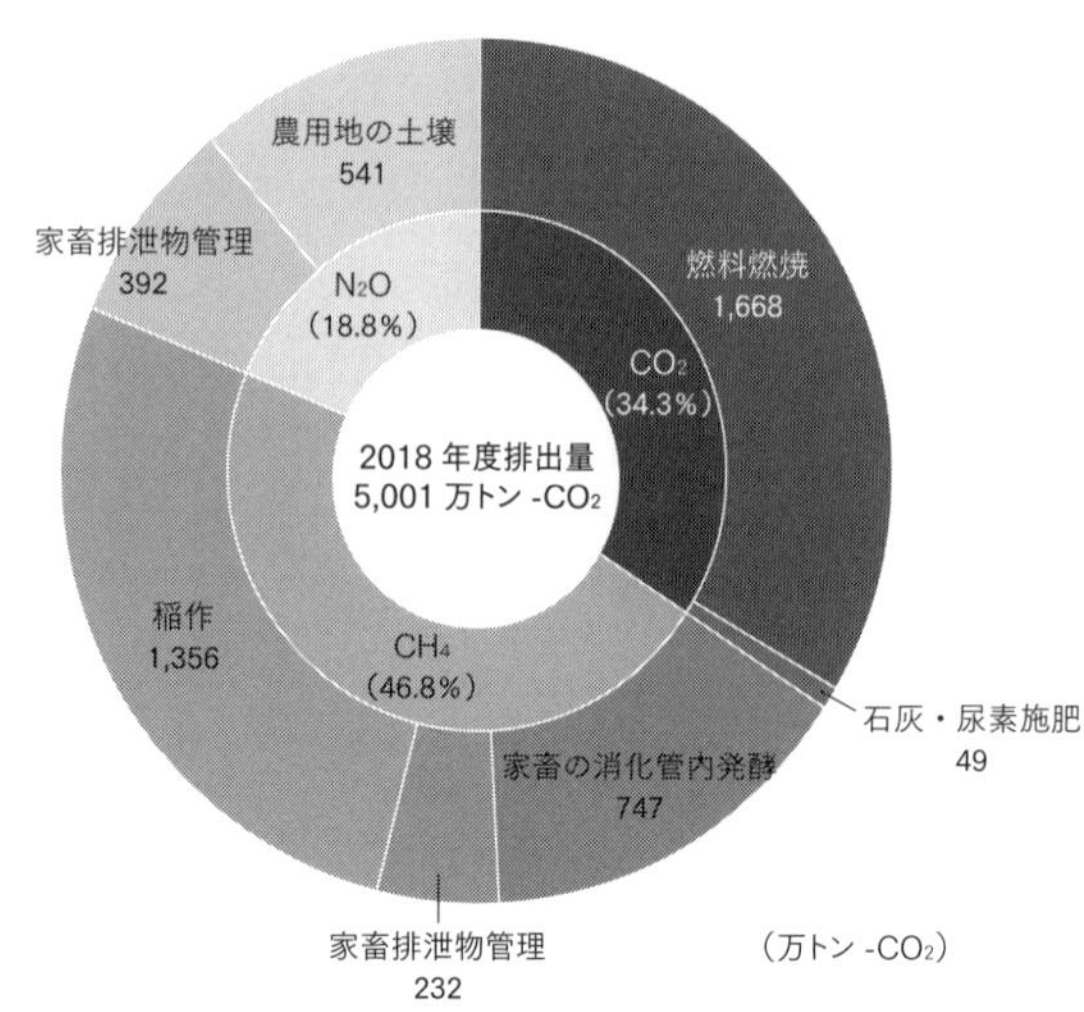

図 5-3　日本の農林水産分野の GHG 排出量
温室効果は、CO_2 に比べ CH_4 で 25 倍、N_2O では 298 倍。
出典：温室効果ガスインベントリオフィス（GIO）資料より農林水産省作成

日本の農林水産分野の温室効果ガス排出量の内訳をみてみると、燃料燃焼による二酸化炭素（CO_2）排出が三分の一、水田からのメタン（CH_4）排出が四分の一、牛のゲップと家畜排泄物から気化して空中に放出されるメタンや窒素酸化物（N_2O）が四分の一となっています（図5－3）。

燃料燃焼は、施設野菜の冷暖房、農業機械の動力燃料などですが、まずは、小水力発電、バイオマス発電・熱利用、風力発電・太陽光発電など再生可能エネルギーをできるだけ導入することが必要だと思います。

農村には、用水路が縦横にめぐらされていますし、家畜排泄物、間伐材などバイオマス資源が豊富です。また畜舎や農業用施設・倉庫の屋根などソーラーパネルを設置する場所は都市部よりもたくさんあります。このように、**再生可能エネルギーは都市部よりも農村部において導入ポテンシャルが高く、農村部でこそ相性の良いエネルギーですし、域内でエネルギー需要を賄い、さらに都市部にエネルギー供給を行えば、富の都市部への流出も減り、手取りが増えます。**

家畜排泄物の処理は、堆肥や消化液の農地への還元を進めることが基本です。地域の畜産経営体と耕種農業の経営体が連携して取り組んでいる事例をもっと増やすことが必要です。

このように、**地域内に循環型の経済構造を作ることで、農林水産分野の温室効果ガスの排出量は大幅に削減でき、しかもコスト削減や新たな収益源となって生産性向上にも資する**ことになりますが、これを個々の農業経営体の努力で実現することは極めて難しく、公的機関などが地域内の全体像を描いて関係者をまとめていくことが必要だと思います。

■遅れている生物多様性維持の取組み——農薬・化学肥料の使用量削減

一方、日本は、農業分野において環境への負荷の軽減など生物多様性維持のための取組みが世界的に見ても遅れています。

単位面積当たりの農薬の使用量は、技術の進歩とともに減少傾向にはありますが、それでもなお欧米諸国と一桁違います。単位面積当たりの化学肥料使用量も、欧米諸国の倍程度、施設利用の高収益農業のオランダと同程度となっています。日本の農業は極めて大量の農薬・化学肥料を使った非現代的農業となっているのです（図5－4、図5－5）。

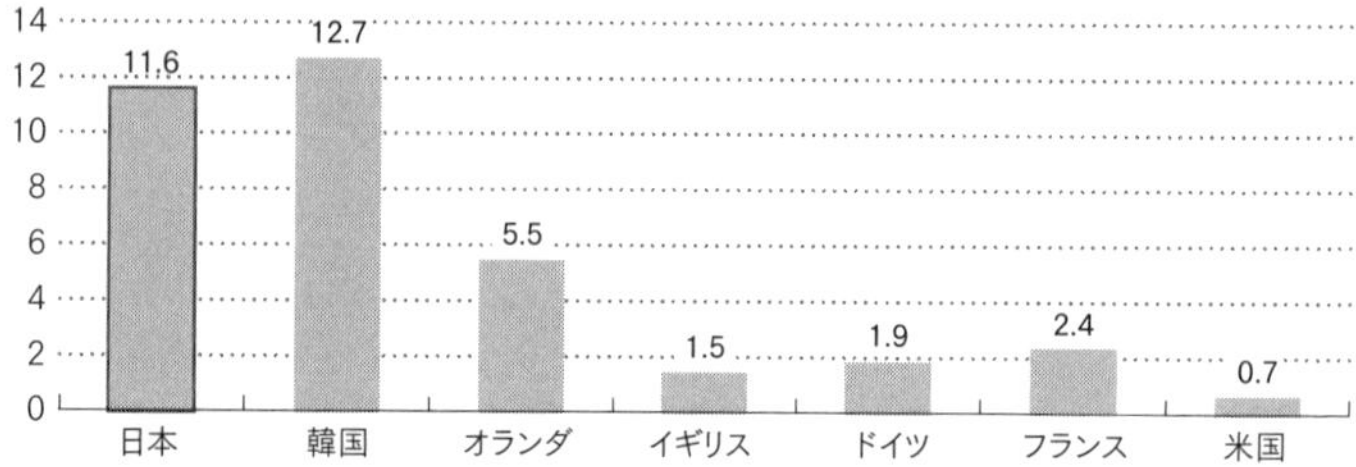

図 5-4　単位面積当たりの農薬使用量の国際比較

出典：OECD「OECD　Environmental Performance Reviews JAPAN 2010」より農林水産省作成（注：2006 年の値）

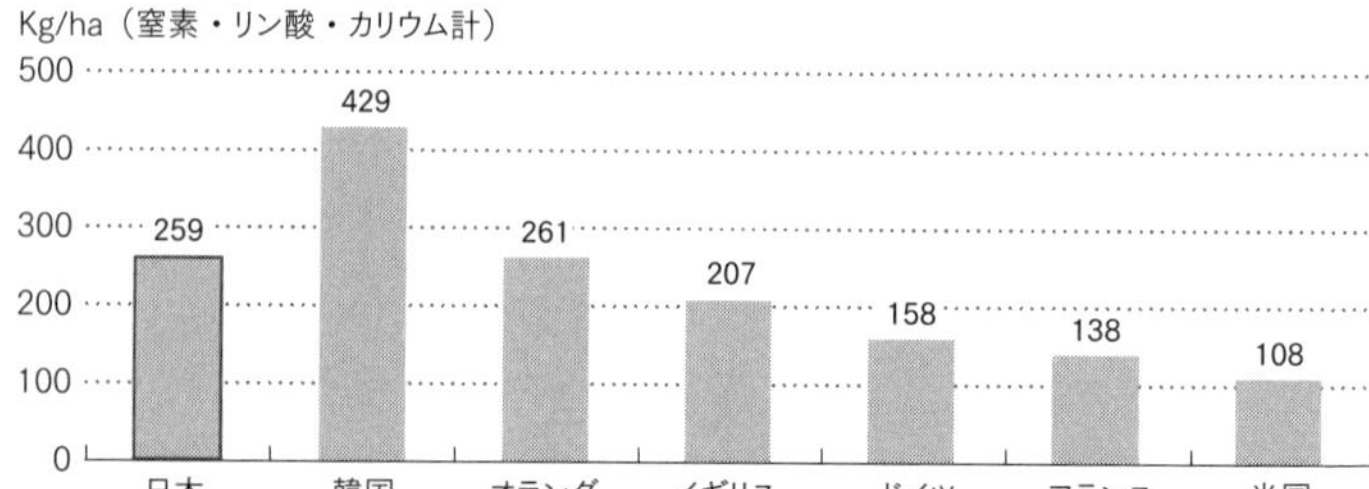

図 5-5　単位面積当たりの化学肥料使用量の国際比較

出典：FAO「Statistical Yearbook 2013」（注：2009 年の値）

表5-1　各国の有機農業取組み面積と割合（2018年）

	有機農業取組み面積（千ha）	面積割合（%）
オーストラリア	638	24.7
イタリア	1,958	15.8
スペイン	2,246	9.6
ドイツ	1,521	9.1
フランス	2,035	7.3
英国	457	2.7
米国	2,023	0.6
中国	3,135	0.6
日本※	**24**	**0.5**

※日本は有機JASを取得している農地、有機JASを取得していないが有機農業が行われている農地の合計。
出典：FiBL&IFOAM「The World of Organic Agriculture Statistics & Emerging trends 2020」より農林水産省作成

また、生物多様性に寄与するとされる有機農業について、世界的には消費者の関心の高まりなどを背景に取組み面積が増加し、EU諸国では農地面積の一〇%程度になっているのに対して、日本では有機農業推進法が二〇〇六年に制定された後もあまり進んでおらず〇・五%程度にとどまっています（表5－1）。

今でも日本よりははるかに農薬・化学肥料の使用量が少なく、生物多様性維持の取組みが進んでいるEU諸国ですが、EUの欧州委員会ではさらに、二〇五〇年までに温室効果ガスの排出量を実質ゼロにする「欧州グリーンディール」の一環として、二〇二〇年五月に「Farm to Fork」（農場から食卓まで）戦略を発表し、二〇三〇年までに化学農薬の使用及びリスクを五〇%削減、肥料の使用量を最低二〇%削減、農地面積の二五％を有機農業とするなど野心的な目標を打ち出しました。日本においても、こういった様々な動きを受けて、二〇二一年五月に「みどりの食料システム戦略」が策定されました。

日本で農薬や化学肥料の使用量が多いことについて、モンスーン地帯にあるので欧米よりも害虫が発生しやすいなどの事情もあるとは思いますが、戦後一貫して農作業の軽減化・簡便化を進める中で、農業で生計を立てているわけではない農業者は、コストよりも作業の簡素化・利便性を重視してきたことが大きな要因だと思います。実際、第3章で説明したように、日本公庫の調査でも、収益力の高い農業経営体はコストに占める材料費比率が低いことが示されており、今後、生産性の向上によりホワイト化が進み、経営感覚を持った農業経営体が増えていけば、農薬・化学肥料の使用量も減少すると思われます。

さらにスマート農業の導入が進んで、ピンポイント農薬散布や最適肥料投入などが一般的になれば使用量も減少すると思いますが、まずは定量的なデータ分析をすることから始める必要があると思います。

有機農業については、生産サイド、消費サイド双方に課題があります。

一人当たり年間有機食品消費額を国別に比較すると、日本は先進国の中ではずば抜けて少なくなっています（図５－６）。

この背景には、六〇代以上の人にとっては、有機農産物というと特定の思想や宗教がかったイメージが

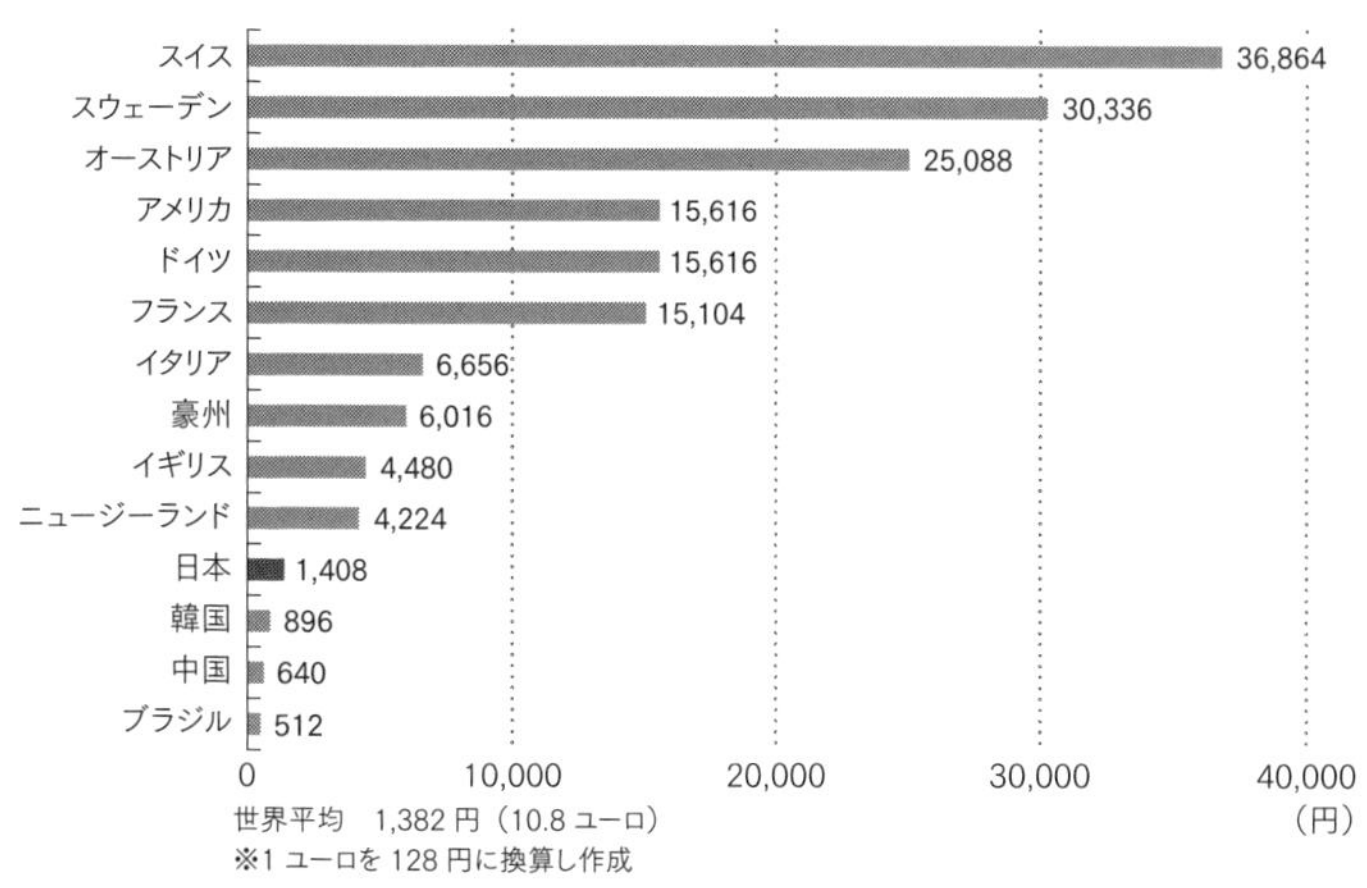

図 5-6　国別 1 人当たりの年間有機食品消費額

出典：FiBL&IFOAM「The World or Organic Agriculture statistics & Emerging trends 2019」より農林水産省作成

あることも原因だと思いますが、持続可能社会への関心の低さ、社会的関心を消費行動で示すという消費面でのエシカル志向の低さもあると思います。加えて、農業の生産現場と消費者の距離が離れたまま放置してきたことから、虫食いのある野菜は不良品との扱いになってきたということもあるかもしれません。

こういったことから、子供がアトピー性皮膚炎を患うなど健康面の事情がある人か、海外生活経験が長いなどしてエシカル消費を実践している人などごく一部の人しか有機農産物に価値を認めていないのが実態だと思います。

一方、生産サイドにおいては、有機農産物と普通の農産物で価格差がなく、生産しようというインセンティブが働かないということが主因だと思いますが、最新の生産技術によれば、ものによってはそれほど生産量を落とさずに栽培できると知らないことも関係しているでしょう。

ただ、最近では、日本でも、誰もが参加できる社会貢献としてエシカル消費が動き始めました。また、新規就農者の多くが環境負荷の少ない農業を志向する中で、京都市の株式会社坂ノ途中のように、新規就農者に合理的な環境負荷の少ない農業の方法を指導しながら、その農産物を、環境負荷の少ない方法で生産された農産物に価値を見出す消費者にマッチングさせるといったビジネスで実績を上げている事例も現れています。

■有機米給食による地域ブランディング

千葉県いすみ市では、環境と経済の両立で始めた有機のコメ作りの取組みで生産した無農薬米が、全国で初めて学校給食の全食に取り入れられています。私はいすみ市に、二〇一六年に農林水産業活性化構想研究会が主催した「創（い）き生きまちおこしサミット」のパネリストとして訪れたことがありますが、沖合に日本最大級の岩礁群がある好漁場を抱えるなどの特色を活かして生産・漁獲された食材を、住民自らの力でその生産環境を守りながら活用し、地方創生につなげていく姿勢が印象的でした。

有機米学校給食は、こうした市の姿勢の象徴ともなっており、いすみ市は、首都圏エリア一〇万人以下の市町村で五年連続で住みたい田舎第一位となっています。

有機農業の取組みを進展させるためには、生産のインセンティブを高めたり、消費を喚起したりする施策も必要ですが、農村部においては、いすみ市のように、住民自らが自分たちの住む地域をどういうまちにしたいのか問い直し、地産地消を含めた地域循環経済の構築に取り組み、その取組みを発信する地域ブランディングの一環として推進することも重要だと思います。

■地球環境への負荷の軽減に向けて金融も動き出している

近年、特にＳＤＧｓの提唱後、気候変動はグローバルに展開する産業にとっても、国際紛争やパンデミックと並ぶ脅威と認識されるようになり、地球環境への負荷の軽減に向けた取組みなどの「ＥＳＧ（environment social governance）投融資」が具体的に進んでいます。

これまでも、グローバル企業を中心に、地球環境の保全など社会に貢献する取組みに係る情報をＣＳＲ報告書として開示する動きは広まっていましたが、それは各企業が自社のＰＲとして行っているもので、特段の基準に基づくものではありませんでした。しかしながら、企業が真に実効性のある地球環境への負荷の軽減に取り組むためには、一定の基準が必要です。このため、国際的な金融システムの枠組みを議論する金融安定理事会（ＦＳＢ）は、二〇一七年に「気候関連の財務情報開示のためのガイダンス」（ＴＣＦＤ報告書）を公表しました。

こうしたことを受けて、機関投資家なども、それぞれの企業の活動の地球環境への負荷を考慮した投資行動をとるようになっており、二〇二〇年にはその動きが加速化しています。

このため、企業の間にも地球環境への負荷を軽減する取組みを実行し、情報開示しなければいけないという意識が高まっており、**食品産業でいえば、製造・流通過程での温室効果ガスの排出量の削減や、調達**

原料が地球環境に過重な負荷をかけたものでないことの確認などを重視するようになっています。

この流れからすれば、農薬や化学肥料を多く使って生産された農産物や、生産プロセスの明らかでない農産物などは、食品製造業・小売業の上場企業に今よりもさらに取り扱ってもらえなくなるだろうと思います。

こうした「投資」に比べて、「融資」においては、政策金融ならばともかく民間の金融機関がＥＳＧ融資をする積極的意義が見出されないできましたが、二〇一九年に環境省と金融庁が連携して「ＥＳＧ地域金融」を普及させる取組みを始めてから具体的な動きが出始めました。

これは、地方創生やそれと関係した地域金融機関の改革と連動したものです。地方創生のところで説明したとおり、地域にある資源を活用して産業を興したり再生可能エネルギーを作ったりして地域循環型経済システムを構築することは地方創生にとって極めて重要なことですが、これは同時に温室効果ガスの排出削減にも資するものであります。また、豊かで美しい環境こそが地方の強みであり、その維持は地域資源活用型産業の出発点とも言えます。そういう取組みにこそ地域に根差す地域金融機関は積極的に金融支援をする必要があります。

事例研究を経て、二〇二〇年に「実践ガイド」がまとめられ、その後改訂も行われていますが、事例研究に参加した滋賀銀行では、ＥＳＧ案件に対して金利優遇するプレミア融資の枠組みを設け、実際に融資案件が出始めています。

この事例研究で取り上げられた案件をみると、地元産米を使った日本酒生産とか、耕作放棄地で栽培されたオリーブを使った食用油・化粧品生産とか、ITを活用した環境保全型農業とか、バイオマス発電といった農業分野の取組みがたくさん見られることからもわかるとおり、この動きは、農業の持続的発展のためには追い風になるものと思います。

このように、農業をはじめとした地域資源活用型産業の発展と地球環境への負荷の軽減は相性がいいものですが、その前提は、生産・流通の過程で環境に負荷をかける行動について記録を残すことです。農業経営のコスト削減のためには生産の工程を数字で把握することが必要ですので、ホワイト化した経営体にとっては、難しいことではないと思います。農業のデジタル化が進めば一層容易になるでしょう。

農業においては、環境面での持続性も、ルールが明確にされるならば、産業面での持続性の延長線上にあるのだと思います。

■農業は本来それ自体ESGの取組み――社会的持続性でよりソーシャルな存在へ

そもそも農業は、植物工場のようなものを除き、**自然の恵みである、ほとんど無限の太陽光・二酸化炭素の利用と、有限の土壌や水などの循環的利用（自然資本の持続的利用）**によって、その土地で将来にわたって営々と営まれる産業ですから、ESG地域金融の取組み事例にみられるように、環境への負荷に意識を寄せてさえいれば、農業それ自体がESGの取組みとなり得るものです。

一方、持続可能な社会を作る上では、産業としての持続性、環境面での持続性のほかに、人々の健康の維持・増進や、生産・流通の過程での社会的包摂（理由なく差別的に排除をしないこと）といった社会的側面からの持続性も重要です。

また、そもそも、二〇〇〇年代に多発した産地や期限表示の改ざんなどの食品偽装のようなことがあってはなりませんし、農業生産から食卓に上るまでの食の安全管理は不可欠です。

この観点から、食を供給する産業である農業にとって、その持続性を確保するためには、環境負荷の軽減と併せて、健康的な食の供給が必要であり、また高齢者も含めて誰もがその能力に応じて活躍できる場の提供も大切です。また、食の安全と消費者の信頼を維持できるガバナンスが大前提となります。

幸い、日本の農産物は多くの人に安全なものと認識されており、また現在の日本の食生活は世界的に見て健康的であることが科学的にも実証されていますが、さらに食品産業と連携して健康的な食の提案ができれば、より付加価値が高まると思います。

もちろん、その前提として、フードチェーン全体を通して、ＨＡＣＣＰシステム（原材料の受入れから最終製品までの各工程ごとに、汚染、混入などの危害を予測した上で、危害の防止につながる特に重要な工程を継続的に監視・記録する工程管理手法）やＧＡＰ（農業において食品安全、環境保全、労働安全等の持続可能性を確保するための生産工程管理）の実践とそれをトレース（追跡）できる仕組みが必要ですが、日本の農業関係者の間ではこの意識が極めて低く、早急な対応が求められます。

また、農福連携の取組みにより障がい者が携わって生産された農産物に対して「農福ＪＡＳ」の認証も制度化されており、エシカル消費の機運が高まればこの需要も高まるかもしれません。

高齢者の方も、農業経営からリタイアした後も農作業の一部を担ったり、その豊かな経験を活かして農作業の指導をするなど、健康である限り活躍して担い手の農業経営をサポートしていただきたいと思います。

これらによって、農業はよりソーシャルな存在として持続性を確保していけると考えます。

2　持続的に発展する農業の未来

■新型コロナウイルス感染症の感染拡大が速めた社会変化のスピード

最後に、持続的に発展する農業の未来についてコメントしたいと思いますが、新型コロナウイルス感染症の世界的な感染拡大によって、一部で未来が変容し、基本的なところでは変化のスピードが増し、未来が足を速めて近づいてきたように思います。

新型コロナの感染が日本や欧米で拡大し始めた二〇二〇年の三月、四月頃には、一部農業資材の輸入が停滞したり、緊急事態宣言による外出自粛に消費者が過剰反応して一部品目に不足感が出たり、休校による学校給食の停止により一部で飲用乳需給が緩和したりしましたが、いずれも一時的な現象にとどまりました。

むしろ、食料は生活に不可欠なものとして、ロックダウンを実施した国においても、農業、食品製造・流通・小売業は出勤が求められ、一部感染拡大による工場閉鎖等があり、荷役・運搬の脆弱性は残るものの、全体的に見れば大きな混乱とはなりませんでした。

また、国を跨いだ人の行き来が制限されるところとなり、技能実習生の来日に制約がかかり、農業労働力が不足する事態となりましたが、業種や農業経営体にもよりますが、雇用状況DIを見ると、第4章で示したように、二〇二一年一月には全体では人手不足感はむしろ緩和されました。

これに対して、食料消費サイドをみると、インバウンド需要の消滅、外食・宿泊・観光需要の減少の一方で、「巣ごもり需要」の拡大などがみられ、コロナ禍の影響の長期化とともに、感染収束後もしばらくはこの傾向が続き、外食需要は完全には元に戻らないとみられています。

いずれインバウンドは戻り、観光需要も回復すると思いますが、一方で、二〇二一年には出生者数が八〇万人を下回ることは確実で、人口減少のスピードが予測よりも一〇年加速したと言われますし、観光・飲食需要を牽引してきた団塊世代（おおむね七〇～七五歳の方）の消費活動の勢いは収束後も元の水準に戻らないことは確実です。また、この時期急増したネット購入やキャッシュレス化も、定着し、さらに進むでしょう。

農産物輸出は、コロナ禍で世界中の消費支出が減少し、荷役・運搬にも制約がかかってコスト高になったにもかかわらず二〇二〇年も増加しました。米国はじめ主要国では、感染の収束に合わせて消費が回復する、しかも二〇二〇年に落ち込んだリバウンドと潤沢な資金供給によってインフレを懸念する声さえ出ています。

一方、日本では、潤沢な資金供給が消費や投資に回らずに将来への不安から貯蓄に回ったままで、物価の低迷が続くことが懸念されています。そもそも日本の食品価格は、現在では先進国の中で断然低い水準にあり、国内食品市場はレッドオーシャンであることは食品メーカーもよく認識しています。一九九〇年頃は、マスコミからJETROが実施する内外価格差調査の結果や「ビッグマック指数」などを持ち出され、「日本は農業保護が過ぎるので国民は高い食べ物を食べさせられている」と批判されましたが、今日では日本の方が食品価格が低いので調査そのものがなくなり、ビッグマック指数をみても、日本は牛肉や小麦の輸入国であるにもかかわらず、輸出国である米国、EUよりもはるかに低い水準にあります（表5－2）。ASEAN諸国の中心都市と比較しても日本の食べ物は高くないことは、多くの人が気づいていることと思います。

また、二〇二〇年に発足した菅内閣の施政方針演説に端的に表れているように、コロナ禍を通じて我が国の特に政府のデジタル化の遅れが明らかになり、その遅れを取り戻すべくデジタル化がブームのようになっています。収束後も、リモートワークは一般化し、出張も支障なければリモート会議に代替されるで

表5-2　ビッグマック指数（2020年）

順位	国名	価格（USドル換算）
1	スイス	6.71
2	ノルウェー	5.97
3	アメリカ	5.67
4	スウェーデン	5.44
5	カナダ	5.18
6	イスラエル	4.91
7	ブラジル	4.80
8	ウルグアイ	4.78
9	ユーロ圏	4.58
10	デンマーク	4.46
26	日本	3.54

出典：The Economist - Big Mac index

しょう。あらゆるものが情報にひもづけられ、記録を改めて取らなくてもいろいろなデータが把握できるようになってきました。また、デジタル化によって、これまでになかったような人と人、モノと人とのつながりの可能性が格段に広がりました。

三〇代以下の若い世代は、コロナ禍で販路を失った国内生産者から農産物を購入する「応援消費」を行う理由として、その上の世代に比べて、「応援先が提供している商品だから」「応援先の理念や価値観に共感するから」「応援先と縁があったから」といった理由を挙げる人が多いなど、個人的なつながりを重視する傾向が強いと言われます。デジタル化の進展によって、特に若い世代における農業の現場と消費者との距離が縮まることが期待されます。

施政方針演説の中でもう一つ大きく取り上げられたのが、脱炭素社会の実現でした。カーボンプライシングも本格的に検討されるようですし、自動車メーカーでさえ日本の脱炭素化の動きの遅れに懸念を表明する時代になりました。二〇二一年のＮＨＫ大河ドラマでは『論語と算盤』を著し、公益を重視する資本主義を掲げた渋沢栄一が取り上げられるなど、多くの国民がＳＤＧｓに関心を寄せるようになりました。

このように、**コロナ禍を通じて、農業の社会的価値・存在感はむしろ高まる一方で、人口減少、デジタル化、グローバル化、持続可能社会の意識といった農業をめぐる大きな社会変化は、顕在化してそのスピードを増しています**。

■ホワイト化から「風の谷」へ

こうした情勢変化を踏まえて、持続的に発展する農業の未来を展望してみます。

①優良農地がある農村地域すべてにホワイト化した農業経営体があり、国費を投じて整備してきた農地をはじめとした農業経営資源が放棄されることなく適切に活用される

②農業生産工程がデジタルで管理され、またフードチェーンがデジタルでつながって生産現場と消費者が顔の見える関係となる

③農村には農業を真ん中に据えた地域資源活用型産業が興り、リモートワークで農村に住む（または

デュアルライフで滞在する）人も参加した地域コミュニティが形成される

④国際基準の農業生産が拡大し、農産物・食品の輸出が増大する一方で、縮小レッドオーシャンの国内消費向けの比重が下がる

⑤地域資源を活用した再生可能エネルギーを、ＡＩを活用したスマートグリッドで利用する分散型エネルギー供給体制が整備され、農業・農村においてエネルギーが自給される

⑥家畜排泄物、農業・食品廃棄物の利用が進み、農村地域から循環型経済が構築される

⑦こうしたことを踏まえて、持続可能な社会への関心の高い優秀な若者が、農業や農村に入りたがるようになり、彼らが集積することで農村から新たなイノベーションが興る

一〇年前にこういうことを言うと、「夢」を語っているとしか思われなかったかもしれませんが、コロナ禍を経て起こっている社会変化や、第３章で取り上げた方々や、体験農園・アグリイノベーション大学校などを運営し「人と農業をつなぐ会社」を掲げる京都市の株式会社マイファーム、やさいバス事業を運営し、いつも面白い技術開発のタネを探している静岡県牧之原市の株式会社エムスクエアラボをはじめ、農業周辺事業のベンチャー企業を立ち上げ、実績を上げ始めた様々な状況の方々とお会いして実際に活動をみていると、デジタルリテラシーを持ち、持続可能な社会への関心の高い若い世代に活躍の場を与えた上で、適切な政策運営があれば、十分に実現する未来だと思います。

ヤフー株式会社ＣＳＯの安宅和人さんは、都市集中型の未来という「それしかない未来」を避けるためのオルタナティブな選択肢を、テクノロジーをうまく使い倒しながら作ろうという「風の谷を創る」プロジェクトを始動させています。「風の谷」とは、映画「風の谷のナウシカ」に現れる一つの心の原風景のような集落のことだそうですが、このような**残すに値する未来は、予測して対処するものではなく、目指すものであり、創るものだ**と語ります。

私は、コロナ禍の中、ある県の幹部の方とお話をする機会があり、上記の「持続的に発展する農業の未来像」の一部の話をしたところ、先方から、実はこういう話があるんだと「風の谷を創る」プロジェクトについて教えていただきました。目指すところに多くの共通点があり、日本の未来をリードする人たちも、同じ方向を向いているんだなと意を強くしました。

これを実現する上でも、まずはもっと多くの若者が農業をやってみたいと思えるような環境をつくる、すなわち農業経営体の生産性を向上させホワイト化を進めることが大前提であり、現在進んでいる流れを止めず、さらに前に進めていくことが必要なのです。

おわりに

本書は、筆者が、公開されている情報とこれまでの経験をもとに個人的な見解を述べたものであり、農政当局はもとより、日本政策金融公庫の見解でもないことをお断りしておきます。

その上で、今、これを執筆しようと考えた動機は大きく分けて三つあります。

まず、二〇二〇年一二月に五年に一回調査が行われる農林業センサスの速報版が公表され、私が考えてきたことがかなり明確にデータとして示されるに至ったことです。本書で、多くのデータを提示したのはこのためです。

二つ目は、コロナ禍を経て、それまでにも講演などの場で私が話してきた社会の大きな三つの変化（本格的な人口減少社会への突入、様々な面でのグローバル化の進展、社会経済各層にわたるデジタル化の進行）が顕在化し、スピードを増して進行していることが誰の目にも明らかになってきたことです。

三つ目は、コロナ禍の中、日本政策金融公庫の支店現場の職員が必死に頑張って日本の中小企業・農林漁業を支えてきたのを実際に目にする中で、その活動内容についてもっと多くの方に知っていただきたいと思ったことです。コロナ下での活動だけでなく、農業のホワイト化に日本公庫が貢献してきたこと、農業の動向を把握する上で有用な調査分析を日本公庫が行っていることを、多少なりとも感じていただけたと思います。

また、執筆に当たって留意した点が二つあります。

一つは、政策の内容や政策決定過程の紹介・論評はできるだけ避けるということです。これは、筆者自身がまだ現役の国・国の機関の役職員なので、個人的見解とは言え、政策に係る見解を述べることは差し控えるべきだということに加えて、近時、農業の発展を願うことでは思いを同じくする方同士が、相互に批判をし合っている現状を受けてのことです。

今重要なことは、食料の安定供給も、農村地域の地方創生も、農業の持続的な発展なしには実現できないということを確認した上で、農業の持続的発展のために、現在の農業現場の状況や農業をめぐる情勢を踏まえて、今、どこに重点を置いて取り組んでいくべきか、基本的なところをできるだけ多くの人が共有することだと思っています。

二点目は、なるべくエビデンスを示すということです。ただ、掲示できるのは公表資料と個人的に見聞した事実だけですので、偏りはあるでしょうし、不鮮明なところも多々あることは承知しています。

本書は、第1章の冒頭で説明した農政の四つの基本理念のうち「農業の持続的な発展」の観点から現状を見てきました。食料の安定供給・食品産業の観点や、農村コミュニティの観点、資源循環・自然資本経営の観点から見れば、また違った描き方になったかもしれません。

また、農業の持続的な発展を危うくしてきたのは、平成年間に進んだ、ウルグアイラウンド、ＴＰＰなどの貿易自由化の進展による農産物需給の緩和、価格の低下といった経営環境の悪化であり、農業の持続的な発展のためには、輸入制限等による需給価格の安定のための政策を強化することこそが必要だという見解があります。

貿易自由化の進展により農業の経営環境が悪化したことは確かだと思いますが、圧倒的な賛成多数で成立した食料・農業・農村基本法では、こうしたことを見通して、農産物の需給価格の安定を中心に据えた政策を改め、第三〇条で「国は、消費者の需要に即した農業生産を推進するため、農産物の価格が需給事情及び品質評価を適切に反映して形成されるよう、必要な施策を講じるものとする。」とし、第二項で「国は、農産物の価格の著しい変動が育成すべき農業経営に及ぼす影響を緩和するために必要な施策を講ずるものとする。」としています。つまり、二〇年前の時点で、農業の持続的な発展のための政策の目指す方向が、「需給価格の安定」から「農業経営の発展・安定」に大きく変更されたのです。その後の貿易自由化にも、基本的にこの方針で対応してきたと言ってよいと思います。

ただ、「需給価格の安定」の主体が国であったのに対して、「農業経営の発展・安定」の主体は農業経営体であり、国はこれを支える制度を整え運用するものであることから、この成果が目に見える形になって表れるまでには時間がかかります。このタイムラグが、図4－1で示したような、平成年間の前半を通じた農業産出額の右肩下がりの結果につながったのだと思いますが、ようやくここに来て第2章で示したように、農業のホワイト化が進み、農業産出額は下げ止まり、若い世代の農業従事者は増え始め、主業農家の所得は全世帯平均所得を上回るようになってきました。

私は、政府が二〇一四年から取り組み始めた地方創生の仕事に、準備室の段階から参画させていただき、多くのことを学ばせていただきましたが、一番大きな学びは、大きな課題であるほどエビデンスを人々に示して問題意識を共有することが重要であるということでした。

地方創生の取組みによって、本格的な人口減少社会の到来、東京一極集中の問題に多くの人が関心を寄せるようになり、様々な議論を喚起するきっかけとなりました。増田論文で示したデータ・問題提起は、異論多論があって政府が言い出しにくかった問題を、先兵役となって提起したものとも言えます。

コロナ禍を経て、政府においてもデジタル化の検討が急速に進んでいますが、デジタル化の最大のメリットはデータの入手・分析能力の飛躍的向上にあると思います。農林水産省においても、農政・農業分野のデジタルトランスフォーメーション（ＤＸ）を精力的に進めています。今後、農政分野においても、多くの良質なデータによるエビデンスが国民に示され、そのエビデンスによる政策決定が進むことが期待されます。

農業現場の現状を把握し、国民と共有した上で、基本法の基本理念に立ち返って本質的なところを押さえた政策運営が行われれば、日本の農業はさらにホワイト化し、将来にわたって持続的に発展していくことができると確信しています。

最後になりますが、様々なことを教えていただいた、本書で紹介した農業者をはじめとする農業・農政関係の方々、地方創生に様々な立場で取り組んでおられる方々、日本政策金融公庫の同僚諸氏、本書の上梓に当たりお世話になった築地書館の土井二郎氏、黒田智美氏に心からお礼を申し上げるとともに、厳しい批評家であり協力者である妻に感謝します。

参考文献

はじめに

食料・農業・農村基本政策研究会編著『食料・農業・農村基本法解説：逐条解説』二〇〇〇年　大成出版社
農林水産省編「食料・農業・農村白書」https://www.maff.go.jp/j/wpaper/
奥原正明『農政改革の原点――政策は反省の上に成り立つ』二〇二〇年　日本経済新聞出版社

第1章

増田寛也編著『地方消滅――東京一極集中が招く人口急減』二〇一四年　中央公論新社
冨山和彦『なぜローカル経済から日本は甦るのか――GとLの経済成長戦略』二〇一四年　PHP研究所
石破茂『日本列島創生論――地方は国家の希望なり』二〇一七年　新潮社
小田切徳美『農山村は消滅しない』二〇一四年　岩波書店
藻谷浩介・NHK広島取材班『里山資本主義――日本経済は「安心の原理」で動く』二〇一三年　角川書店
寺本英仁『ビレッジプライド――「0円起業」の町をつくった公務員の物語』二〇一八年　ブックマン社
山崎亮『縮充する日本――「参加」が創り出す人口減少社会の希望』二〇一六年　PHP研究所
井上岳一『日本列島回復論――この国で生き続けるために』二〇一九年　新潮社
日本政策金融公庫「AFCフォーラム」二〇一九年一二月号　日本政策金融公庫農林水産事業本部

https://www.jfc.go.jp/n/findings/afc-month/201912.html

総務省「田園回帰に関する調査研究中間報告書」（二〇一七年三月公表）
https://www.soumu.go.jp/menu_news/s-news/01gyosei10_02000043.html

農林水産業・地域の活力創造プラン　二〇一三年一二月一〇日　農林水産業・地域の活力創造本部決定
https://www.kantei.go.jp/jp/singi/nousui/

第2章

農林水産省「農林業センサス」　https://www.maff.go.jp/j/tokei/census/afc/

農林水産省「農業経営統計調査」　https://www.maff.go.jp/j/tokei/kouhyou/noukei/

農林水産省「新規就農者調査」　https://www.maff.go.jp/j/tokei/kouhyou/sinki/

農林水産省「生産農業所得統計」　https://www.maff.go.jp/j/tokei/kouhyou/nougyou_sansyutu/

農林水産省「農林漁業及び関連産業を中心とした産業連関表」
https://www.maff.go.jp/j/tokei/kouhyou/sangyou_renkan_flow23/

農林水産省「6次産業化総合調査」　https://www.maff.go.jp/j/tokei/kouhyou/rokujika/

総務省「令和元年地域おこし協力隊の定住状況等に関する調査結果」（二〇二〇年一月公表）
https://www.soumu.go.jp/main_content/000664505.pdf

日本政策金融公庫「令和元年度認定新規就農者融資先フォローアップ調査結果報告書」（二〇一九年九月公表）
https://www.jfc.go.jp/n/finance/syunou/pdf/followup_2019a.pdf

日本政策金融公庫「施設園芸（トマト）の規模と収益性に関する調査結果」（二〇一七年三月公表）
https://www.jfc.go.jp/n/findings/pdf/topics_170407a.pdf

日本政策金融公庫「企業の農業参入に関する調査結果」（二〇一二年三月公表）

https://www.jfc.go.jp/n/findings/pdf/zyouhousenryaku_1.pdf
日本政策金融公庫「農業景況調査」（二〇一八年九月公表） https://www.jfc.go.jp/n/findings/pdf/topics180918a.pdf

第3章

農林水産省「農林水産物輸出入統計」 https://www.maff.go.jp/j/tokei/kouhyou/kokusai/
日本政策金融公庫「令和元年度農業経営動向分析結果」（二〇二〇年一二月公表）
https://www.jfc.go.jp/n/findings/pdf/r02_zyouhousenryaku_3.pdf
日本政策金融公庫「農業景況調査」（二〇一六年九月公表）
https://www.jfc.go.jp/n/release/pdf/topics_160914a.pdf
日本政策金融公庫「労働力の状況等の動向に関する調査報告」 二〇二〇年 https://www.jfc.go.jp/n/findings/pdf/topics_191204a.pdf
大泉一貫『フードバリューチェーンが変える日本農業』 二〇二〇年 日本経済新聞社
長岡淳一・阿部岳『農と食と地域をデザインする――旗を立てる生産者たちの声』 二〇一九年 新泉社
池井戸潤『下町ロケット ヤタガラス』 二〇一八年 小学館
日本政策金融公庫「ＡＦＣフォーラム」 日本政策金融公庫農林水産事業本部
二〇一九年四月号 https://www.jfc.go.jp/n/findings/afc-month/201904.html
二〇二〇年一月号 https://www.jfc.go.jp/n/findings/afc-month/202001.html
二〇二〇年八月号 https://www.jfc.go.jp/n/findings/afc-month/202008.html

第4章

日本政策金融公庫「農林水産事業のご案内２０２０」 https://www.jfc.go.jp/n/company/af/pdf/jfc20j.pdf
日本政策金融公庫「農業景況調査」（二〇二一年三月公表） https://www.jfc.go.jp/n/findings/pdf/topics210315a.pdf

日本政策金融公庫「消費者動向調査」（二〇二一年三月公表）https://www.jfc.go.jp/n/findings/pdf/topics_210318a.pdf
農林水産省　農業ＤＸ構想～「農業×デジタル」で食と農の未来を切り拓く～（二〇二一年三月公表）
https://www.maff.go.jp/j/press/kanbo/joho/210325.html

第5章

農林水産省　みどりの食料システム戦略（二〇二一年五月公表）
https://www.maff.go.jp/j/kanbo/kankyo/seisaku/midori/index.html
環境省　ＥＳＧ地域金融実践ガイド（二〇二〇年四月公表）http://www.env.go.jp/press/files/jp/113742.pdf
環境省　ＥＳＧ地域金融実践ガイド2.0（二〇二一年四月公表）https://www.env.go.jp/press/files/jp/115981.pdf
ＴＣＦＤ（気候関連財務情報開示タスクフォース）の提言（最終報告書）（二〇一七年六月公表）
https://assets.bbhub.io/company/sites/60/2020/10/TCFD_Final_Report_Japanese.pdf
日本政策金融公庫「ＡＦＣフォーラム」二〇二一年四・五月合併号　日本政策金融公庫農林水産事業本部
https://www.jfc.go.jp/n/findings/afc-month/202104-05.html
新井ゆたか・中村啓一・神井弘之『食品偽装　起こさないためのケーススタディ』二〇〇八年　ぎょうせい
安宅和人『シン・ニホン――ＡＩ×データ時代における日本の再生と人材育成』二〇二〇年　ニューズピックス
西山圭太『ＤＸの思考法――日本経済復活への最強戦略』二〇二一年　文藝春秋
本田浩次（農林水産業活性化構想研究会代表）『日本の農林水産業が世界を変える』二〇二一年　飛鳥新社

＊ＵＲＬは二〇二一年六月取得

著者紹介

新井　毅（あらい・つよし）

1963年埼玉県所沢市生まれ。東京大学法学部卒業後、1985年農林水産省入省。群馬県農業経済課長、林野庁管理課長、農林水産省大臣官房広報室長・大臣補佐官・バイオマス室長・文書課長・総務課長、内閣官房まち・ひと・しごと創生本部事務局次長兼内閣府地方創生推進事務局次長、農林水産省農村政策部長、近畿農政局長等を経て、2018年から株式会社日本政策金融公庫代表取締役専務農林水産事業本部長。

地方創生に、まち・ひと・しごと創生本部設置準備室の段階から参画し、創生法の制定、第一期まち・ひと・しごと創生総合戦略の策定、地方創生交付金の創設などに携わり、その後も、農業の持続的な発展に向けて、「地方創生としての農政」の企画、現場の取組みの支援を行っている。

稼げる農業経営のススメ

地方創生としての農政のしくみと未来

2021年 9 月 10 日　初版発行
2022年 9 月 5 日　3刷発行

著者　新井　毅
発行者　土井二郎
発行所　築地書館株式会社
〒104-0045
東京都中央区築地 7-4-4-201
☎ 03-3542-3731　FAX 03-3541-5799
http://www.tsukiji-shokan.co.jp/
振替 00110-5-19057
印刷・製本　シナノ印刷株式会社
装丁　北田雄一郎

●築地書館の本

自然により近づく農空間づくり

田村雄一［著］　二四〇〇円＋税

その土地特有の気候、土壌、動植物、微生物。

自分の畑の周りの環境に目をこらして、耳をすます。自然の力を活かして、環境への負荷を極力減らし、低投入で安定した収量の農作物を得る。土壌医で有畜複合農業を営む著者が提唱する、新しい農業。

コロナ後の食と農

腸活・菜園・有機給食

吉田太郎［著］　二〇〇〇円＋税

カロリー過多の飽食が問い直され、

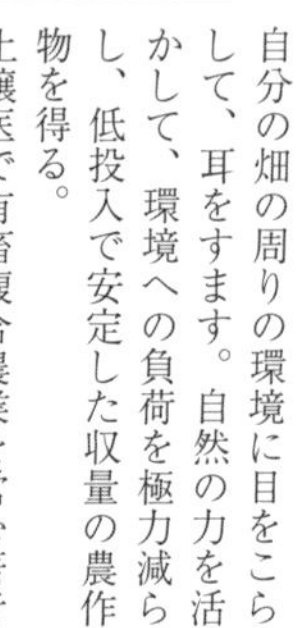

農業政策を多品種・地産地消とオーガニック増産にシフトするEUが、切り札として掲げる武器は、公共調達による有機給食だ。日本の有機給食の優良事例から一人ひとりが日々実践できる問題解決への道筋を示す本。

土と内臓

微生物がつくる世界

デイビッド・モントゴメリー＋アン・ビクレー［著］

片岡夏実［訳］　二七〇〇円＋税

農地と私たちの内臓に棲む微生物への、医学、農学による

無差別攻撃の正当性を疑い、地質学者と生物学者が微生物研究と人間の歴史を振り返る。微生物理解によって、食べ物、医療、私達自身の体への見方が変わる本。

土・牛・微生物

文明の衰退を食い止める土の話

デイビッド・モントゴメリー［著］　片岡夏実［訳］

二七〇〇円＋税

足元の土と微生物をどう扱えば、世界中の農業が持続可能で、農民が富み、温暖化対策になるのか深刻な食糧問題、環境問題を扱ながら、希望に満ちた展望をる希有な本。